国家出版基金项目
NATIONAL PUBLICATION FOUNDATION

绘本中的炮舰外交II

列强派驻中国舰船

作者/插画 姚开阳

上海社会科学院出版社
SHANGHAI ACADEMY OF SOCIAL SCIENCES PRESS

目录

前 言

列强舰艇驻华是根据《内河航行权》条约，为保障航行安全和畅通及沿线侨民产业，派遣警备性质的内河浅水炮舰常驻巡弋，主要在长江及珠江流域。列强驻华舰艇较大型的譬如巡洋舰通常停泊于上海黄浦江，浅水炮舰则循长江进入内陆，最远可达重庆，并深入长江各支流。由于长江利于通航的特性，在丰水期连巡洋舰与驱逐舰都可以直接驶达武汉。至于更大型的军舰由于深入狭窄的内河有搁浅及被封锁的风险，而且也没有必要，故战列舰则从未在中国的内河中现身。

当年列强派遣舰艇驻华的包括英、日、美、法、德、意等国，其中英国是老牌殖民帝国，最早敲开中国大门，是上海租界的老大哥，海军实力也最强。日本距离中国最近，对中国的侵略野心最强，抗战爆发后从国内调派大量军舰来到中国，到太平洋战争爆发更是取代了西方列强。美国家底雄厚，在第二次世界大战中成为同盟国阵营的“董事长”，战后美国军舰大举进入中国，取代了英国的老大地位，但只有几年光景，到1949年就完全撤出。法国在远东虽然是以越南为核心，但经常有舰艇出入上海，并对川江航运很有兴趣。德国原来势头颇旺，但在第一次世界大战失败后完全撤出中国，以后出现的德国军舰都是偶而造访而不是常驻。意大利实力不济，只有少量舰艇驻华，无足轻重。

虽然各国远东舰队的旗舰经常出现在上海，但毕竟上海只是租界而非殖民地，不适合作为军舰的母港，所以各自在殖民地都设有基地。英国远东舰队是以香港为中心，以新加坡为后援基地；美国亚洲舰队是以菲律宾马尼拉及苏比克湾为中心；法国东方舰队以越南的金兰湾为中心；德国以青岛为中心，丧失青岛后德国在远东就没有常设舰队了；意大利本来希望获得浙江三门湾为殖民地，被中国拒绝后在远东就难以建立势力。日本在华南的海军是以中国台湾的澎湖为前进基地，华北则有旅顺，本土距离中国又很近，比起其他国家更有地利之便。较特别的是荷兰，虽然在印度尼西亚有适合的基地，但在意大利争夺三门湾失利后也打起了退堂鼓，不再参加列强在中国的角逐。

我们谈列强驻华内河浅水炮舰队，不应忘了东北的松花江与黑龙江流域。早年这里是沙俄的势力范围，俄国十月革命后曾暂时消退，但斯大林时代又有所恢复，“九一八事变”后东北落入日本人之手。此外沙俄在1905年日俄战争时曾有多艘负伤的舰艇逃入上海躲避到战争结束，1917年革命时也有许多白俄官兵驾驶大批军舰逃难来到上海，这也给黄浦江的万国舰艇博览会增加了许多色彩。

浅水炮舰虽然算是海军，任务性质却更类似水警，由于中国的内河并非列强的殖民地范围，所以只能根据外交条约派驻海军而不能以内政性质的警察身份执行任务。中国的长江是世界内河航运最发达的地方，但由于蜿蜒经过许多省份，直线距离很近的地方，船只却要绕行好几倍的航程，加上浅水炮舰航速慢，一旦有事需要驰援就会缓不济急，而且运作成本也高，只是当时的中国交通基础建设严重不足，才去依靠天然的河流。随着铁路公路等陆路运输系统逐渐完善，浅水炮舰丧失了实用价值，很快就从历史的舞台上消失了。

除了日常的驻华舰艇，在历次战役中亦有许多大型战舰奉派来华，包括1900年的八国联军入侵、1905年的日俄战争与1914年的第一次世界大战期间，它们有的是参战者，有的是来观战。譬如1914年德国东亚舰队司令、海军中将马克西米连·冯·斯佩（Maximilian von Spee）伯爵率领包括“沙恩霍斯特”号（SMS Scharnhorst）、“格奈森瑙”号（SMS Gneisenau）两艘装甲巡洋舰的舰队抢在战争爆发前出港，最后在南美洲与英国舰队爆发柯罗内尔与福克兰两次惊天动地的大海战，斯佩伯爵与他两个同在舰队服役的儿子都在海战中阵亡。此外德国轻巡洋舰“艾姆登”号（SMS Emden）神奇而戏剧化的袭击舰经历，这些都是世界海军史上脍炙人口的故事，它们有个共同点，都是从中国的青岛出发的。

虽然列强舰艇驻扎在中国是一种历史屈辱，但它也让中国与世界海军史上著名的战舰与重要的海战发生关联而名留青史。

中国军舰博物馆馆长

姚开阳

列强派驻中国舰船

在不平等条约时代，列强海军都有大型军舰与浅水炮艇等舰艇驻守在中国沿海及内河，执行炮舰外交政策，保护其侨民的生命财产安全，并介入许多中国近代史上的重要事件。尽管这些英、美、日、法、德、意、俄舰艇的存在侵犯了中国的领土主权，但也浓墨重彩地展现了“万国舰艇博览会”的丰富面貌。

本书用大量精致的原创水彩插画与隽永的文字，以绘本的形式来呈现“炮舰外交”的主题，这在全球出版界还是第一次。

上海外滩壮丽典雅的建筑群人称“万国建筑博览会”，而在外滩前的黄浦江，1930年代列强军舰云集，在江面上形成一道亮丽的风景线，可以说是“万国舰艇博览会”。本图所见停泊于画面左方的是英国重巡洋舰“肯特”号（HMS Kent），右方的是日本驻华第三舰队旗舰“出云”号，最右方可以看到中国海军轻巡洋舰“宁海”号的舰艉。过去军舰出于安全考虑，除非确有必要，一般不靠码头而是在江中心系水鼓或锚泊成一列。

背景中央的绿色尖顶建筑是“沙逊大厦”（Sasson’s Building），是上海最有钱的西方人沙逊爵士的总部，同时也是“华懋饭店”（Cathay Hotel），也就是今天的和平饭店。一旁中国式屋顶的方型建筑是中国银行大楼。最右边如牌楼状的建筑是“百老汇大厦”（Broadway Mansions），今天的上海大厦。由于“出云”号在1936年才来华，而“宁海”号于1937年就被击沉，所以可以由此推断本图可能出现的年代应该就是在1936年到1937年7月抗战全面爆发之前。

鸦片战争时英国皇家海军三等战舰“皋华丽”号（HMS Cornwallis）进逼南京，后来《南京条约》就是在这舰上签订。“皋华丽”号建造于1814年，原名“泼妇”号（HMS Termagant），曾参加过特拉法尔加海战，1855年2月8日加装787马力的发动机，1860年改为海岸防御舰，1916年拆除全部武备，改为基地船，直到1957年解体，服役长达143年。

曾经参加英法联军的英国皇家海军青花鱼级（Albacore）炮舰“班特尔”号（HMS Banterer）驶过广州沙面。沙面租界是在英法联军侵略我广州之后的 1861 年开始成为英法租界。

鸦片战争爆发时的1841年9月初，英国籍运输船“纳尔不达”号（Nerbudda）从香港开往华北，船上搭载274人，其中包括29名欧洲人，243名印度人与2名来自马尼拉的男子。船只在基隆港边触礁，33人乘木筏上岸逃生被当地人杀死，其余人被台湾当局俘虏，分批押往台南府城监禁。

1841年10月19日，英国军舰“宁禄”号“HMS Nimrod”号来到基隆，希望以每人100美元的代价赎回搁浅被俘虏的幸存者，但未获回应，当舰长William Nevill发现俘虏已被送往台南府城时下令开炮轰击二沙湾炮台，摧毁27门火炮后返回香港。这些俘虏与另一艘在台湾中部大安溪俘虏的英国籍运输船“安”号（Ann）号共139人后来全部被斩首于台南府城的城墙边，另有87人死于监狱中的虐待，只有9人生还。

樟脑是台湾的特产，产量几乎占全球一半以上，尤其到 19 世纪，全球樟脑需求量大增，这本可为台湾带来丰厚的利润，但长久以来英国的洋行垄断了台湾樟脑的出口，华商难以竞争，于是清廷在 1863 年将樟脑列为官办专卖，这就引起英国的抗议。在台湾主要经营樟脑业务的德记洋行（Tait & Co）与怡记洋行（Elles & Co.）都曾发生樟脑货物被官方查扣没收及洋买办被兵勇打伤的事件，英国总领事约翰吉普生（John Gibson）于是在 1868 年 9 月请求英国派兵保护。

10 月，两艘英国军舰“阿尔及利亚人”号（HMS Algerine）与“布斯达”号（HMS Bustard）由香港开来打狗港作为谈判后盾。11 月 25 日，谈判破裂，两舰转往炮轰安平港，水师副将江国镇兵败自杀。而且英舰发射的炮弹击中安平古堡内的弹药库，发生大爆炸，安平古堡城墙倒塌几乎全毁。最后双方签订“樟脑条约”，中方除赔偿 1.7 万两银元、罢免当事官员外，还要放弃樟脑专卖政策，从此樟脑的利润全归外商掌控，此即为“樟脑战争”。

英国皇家海军部署在远东的战列舰未曾进入上海黄浦江或长江流域，大多停泊在香港，或每年夏天到威海卫（位于今山东威海市）训练，配合战列舰的还有航空母舰与潜艇战队。

图为英国航空母舰“鹰”号（HMS Eagle）1930年代在香港，后方是潜艇供应舰“梅德韦”号（HMS Medway）。有数艘潜艇在两侧停泊，它们到了夏天就会开往威海卫。

香港维多利亚湾的水域面积很大，可以停泊整支舰队。依照英国皇家海军传统，军舰除非有特殊原因是不靠码头的，平常都是在海湾中锚泊或系水鼓，以小艇来往岸上，这样的好处是安全，如空袭时的疏散、防止火灾蔓延、防止当地破坏分子偷袭、紧急情况便于出港、病虫鼠患的隔离、军纪的维持，等等。

英国皇家海军前无畏型战列舰“百夫长”号（HMS Centurion）于 1894 年来到香港担任中国舰队的旗舰，并在 1900 年八国联军时担任英军统帅西摩尔（Sir Edward Seymour）的座舰。

英国皇家海军 1898 年完工的“百夫长”号（HMS Centurion）战列舰是老人星（Canopus）级前无畏式战列舰，1900 年到 1903 年派驻中国，曾参与八国联军行动。1905 年再度派来中国。由于英日签订同盟协定，使得英国必须减少在远东的兵力，所以将“百夫长”号提早于 1906 年调离。该舰在 1915 年被奥斯曼土耳其帝国的驱逐舰用鱼雷击沉。

英国皇家海军重巡洋舰“贝里克”号（HMS Berwick）与航空母舰“竞技伸”号（HMS Hermes）1935 年在威海卫训练。当年北洋舰队于刘公岛所建造的铁码头还在使用。

在殖民帝国时代，列强的战列舰通常集中由本国海军使用，对于各殖民地多半是派出巡洋舰坐镇，事实上“巡洋舰”这一舰种就是英国因为海外殖民地的需要而产生。“巡洋舰”这个词是来自日本的“和制汉语”，中文最早称为“快船”，由此可知它必须航速快、航程远，以利于远程奔袭镇压叛乱。但因为殖民地战争通常强度不高，所以装甲防护力不必太强，火炮口径也不必太大，而把重量用来搭载更多的燃煤或燃油以增加航程。巡洋舰是性能与成本折衷下的产物，因为列强经营殖民地完全是从商业的角度出发，所以建造用于殖民地的军舰也必须要考虑成本，但当大战爆发，巡洋舰也会开赴战场，这时面对敌人的装甲战斗舰时就往往捉襟见肘了。

根据历史照片梳理，英国皇家海军巡洋舰出现在上海的有以下记录：

“阿贾克斯”号（HMS Ajax，1890 年）、“波纳文图拉”号（HMS Bonaventure，1904 年）、“警备船”号（HMS Guardship，1906 年）、“霍金斯”号（HMS Hawkins，1923 年）、“祖母绿”号（HMS Emerald，1927 年）、“勇敢”号（HMS Dauntless，1927 年）、“坎伯兰”号（HMS Cumberland，1928 年）、“卡拉多克”号（HMS Caradoc，1932 年）、“肯特”号（HMS Kent，1934 年）、“达娜厄”号（HMS Danae，1937 年）、“伯明翰”号（HMS Birmingham，1939 年）、“贝尔法斯特”号（HMS Belfast，1945 年）、“伦敦”号（HMS London，1949 年）。最后一艘“伦敦”号重巡洋舰 1949 年在“紫石英号事件”中被解放军炮兵击伤，造成多人伤亡，这是英国皇家海军远东舰队在华最后的旗舰。

英国的航空母舰也有停泊上海黄浦江的记录。第二次世界大战前的航空母舰排水量大多不超过 2 万吨，比战列舰小而与巡洋舰相当，所以停泊在黄浦江还不成问题。根据历史照片梳理，英国皇家海军航空母舰出现在上海有以下记录：“鹰”号（HMS Argus，1928 年）、“竞技伸”号（HMS Hermes，1933 年）等。

1920 年代，英国皇家海军的轻巡洋舰“德班”号（HMS Durban）停泊于上海外滩前的黄浦江上，可以看到正在建造中的汇丰银行大厦，而江海关还是老的建筑。

英国皇家海军航空母舰“鹰”号（HMS Argus）1930 年代于上海黄浦江中。早年的航空母舰排水量不大，最多 2 万吨，接近重巡洋舰，所以能够开入黄浦江。

1907 年停泊在重庆的“金沙”号（HMS Kinsha）是一艘漂亮的明轮船，它是英国皇家海军在中国第一艘浅水炮舰，也是第一任驻华浅水炮舰队的旗舰。它原来是专门用于川江航运的 660 吨商用轮船“先锋”号（SS Pioneer），被英国海军购入。当专门建造的浅水炮舰逐渐增多时，它又被卖给民间继续作为商船使用。

英国海军浅水炮舰“夜莺”号（HMS Nightingale）在九江。这是 1897 年亚罗（Yarrow）公司建造的第一代“夜莺”号，与 1933 年由桑尼克罗夫特（Thornycroft）公司建造的第二代同名舰不是同一艘船。

昆虫级的“蜜蜂”号（HMS Bee）浅水炮舰，在区区 645 吨排水量的船上居然装了两门 152 毫米主炮，火力相当于轻巡洋舰。英国皇家海军将这型军舰轮流派驻中国、中亚两河流域及地中海。“蜜蜂”号从 1918 年 1 月到 1923 年在中国服役。

英国海军浅水炮舰“柯克捷夫”号（HMS Cockchafer）在上海公共租界外滩前，我们由中国银行大厦已经落成可知这是1936年之后的景象，接近中日战争全面爆发甚至是租界孤岛时代。“柯克捷夫”号曾因参加1926年万县事件而被中国方面形容为“嗜血的恶魔”。

英国海军浅水炮舰“北特烈”号（HMS Peterel）在上海外滩前。1927 年下水的“北特烈”号使用蒸汽透宾主机，这在浅水炮舰中是不多见的。

英国皇家海军在中国的长江与珠江水域驻有大量的内河炮舰，数量居列强之冠，其次是日本与美国，法国相对较少。刚开始的内河炮舰只考虑在长江中下游使用，后来因为四川物产丰富，航运需求大增，所以才开始兴建适合长江上游的浅水炮舰。

内河浅水炮舰虽然排水量只有几百吨，但设计与建造并不简单，为了通过三峡必须吃水浅、马力大，才能不靠纤夫上驶重庆。这方面由于英国最先开发川江航运商船所以经验成熟，像日本虽然当时已能自造大型战舰，但川江使用的浅水炮舰刚开始仍得从英国进口，之后才自行仿照建造。

第二次世界大战前内河浅水炮舰多半是以亮丽的白色舰身以及鹅黄色的烟囱为涂装，因为内河炮舰功能类似陆地上的警车，显示存在很重要，所以与一般海军舰艇为降低可视度采用灰色涂装不同。由于内河炮舰的干舷很低，航海性能不佳，所以大多是在英国建造完成后分解运来中国在香港或上海的造船厂重新组装。

英国的内河浅水炮舰命名有两大系列，一是“鸟”系列，譬如：“知更鸟”号（HMS Robin）、“夜莺”号（HMS Nightingale）、“鹬”号（HMS Sand Piper）、“猎鹬”号（HMS Snipe）、“猎鹰”号（HMS Falcon）、“塘鹅”号（HMS Gannet）、“海鸥”（HMS Seamew）、“丘鹬”号（HMS Woodcock）、“云雀”号（HMS Woodlark）、“海燕”（HMS Peterel）、“泽鸡”（HMS Moorhen）、“水鸭”号（HMS Teal）、“黑腹燕鸥”号（HMS Tern）、“水凫”号（HMS Widgeon）。另一个是“昆虫”系列，譬如:“蜜蜂”号（HMS Bee）、“蚋”号（HMS Gnat）、“蛾”号（HMS Moth）、“螳螂”号（HMS Mantis）、“蝉”号（HMS Cicala）、“瓢虫”号（HMS Ladybird）、“狼蛛”号（HMS Tarantula）、“圣甲虫”号（HMS Scarab）、“金龟子”号（HMS Cockchafer）、“蚜虫”号（HMS Aphis）、“蜻蜓”号（HMS Dragonfly）、“蝗虫”（HMS Grasshopper）、“蚊子”号（HMS Mosquito）、“蚱蜢”号（HMS Locust）。不过中国通常采取音译，譬如“HMS Moorhen”中国译为“摩汉”号而很少用“泽鸡”的本意。

由于英国在长江流域各口岸都有产业与侨民，包括南京、镇江、安庆、九江、汉口、沙市、宜昌、重庆，甚至支流的湘江等口岸，加上太古与怡和洋行的内河航运轮船，这么多需要照顾的地方即使再多舰艇也不可能分头固定驻守、面面俱到，必须机动轮调，所以任务十分繁忙。

列强在华基本上是为了经济利益，无论是盗匪抢劫、军阀敲诈或是反帝运动，与各国的经济利益都有关，所以往往有事就联合出动军舰，不至于单打独斗。对于英国来说维持现状最为有利，所以也就会努力保持平衡，尤其要控制野心勃勃的日本。但随着英、日两国势力的消长，到后来终于失衡而爆发大战，战后重新洗牌，美国取代英国成为新的老大哥。

图为 1935 年 6 月 3 日在南京下关江面。远处是英国皇家海军的内河浅水炮舰“海鸥”号（HMS Seamen），近处是“黑腹燕鸥”号（HMS Tern），两舰挂满旗准备接受检阅。

广州与珠江流域是英国皇家海军除了上海与长江流域外的另一个重点。由于英国当年打开中国市场就是从广东开始的，所以英国人在这儿的势力与利益远超过其他国家，而且珠江口就是香港，是英国皇冠上的明珠，省港澳连成一气之后商业效益是非常高的，但相对这里的治安也非常不好，来往香港与广州的船只经常被水匪洗劫，除此之外还有不同派系的军阀以及地方势力。这些都必须以强大的武力来威慑。因此英国皇家海军在这里也驻有一支强大的浅水炮舰队，巡弋范围除了珠江，还包括其支流的西江，甚至上驶到广西南宁。

广东的地方势力受英国影响也甚大，不仅是军阀，连拥有强大准军事力量的广东商团也都是英国在幕后支持。对于英国来说维持现状与稳定就是最大的利益，所以每当发生动乱，英国就会出手干预或调停。当孙中山在广州实行联合苏联的政策并准备北伐时，立刻就与英国发生了严重的矛盾。

Capitan YAO

英国海军浅水炮舰“知更鸟”（HMS Robin）在广东的西江巡弋，它原来是太古洋行的轮船被借用改装成军舰，所以舰艏悬挂着太古洋行的船旗。

1922 年 6 月的“孙中山广州蒙难”事件就由英国人出面协调，安排孙中山等人于 8 月 9 日下午离开已经居住一个半月的“永丰”号军舰，搭乘英国海军的浅水炮舰“泽鸡”号（也翻译为“摩汉”号，HMS Moorhen）经香港转轮船前往上海。

1939 年方才完工的最新型英国海军浅水炮舰“蜻蜓”号（HMS Dragonfly）在香港，本级舰排水量 591 吨，使用涡轮透宾主机，装备有 2 门 102 毫米主炮、1 门 94 毫米榴弹炮、8 挺 7.7 毫米高射机枪。该级舰计划建造 6 艘，完成 5 艘，有 4 艘都在第二次世界大战中损失，只有“蝗虫”号（HMS Locust）存活到战后。

西方列强入侵中国的时代，正好就是海军从风帆战舰过渡到蒸汽铁甲舰的时代，所以可以由历次战役清楚看到整个演变的过程。我们以老牌海军强国的英国与后起之秀的德国来作分析比较。在风帆战舰时代依赖的是大批有经验的水手与制造战舰的木材原料供应，英国在这两方面都有绝对的优势，而且英国还是工业革命的发源地，蒸汽铁甲战舰也是从英国开始的。当时皇家海军确立了“两强策略”，也就是能同时面对排名第二加上第三的两个海军强国联合挑战的力量，就像今天的美国海军一样。

相比之下德国在普鲁士统一为德意志帝国的前后，海军力量是很薄弱的，连小国丹麦都可以打得他们满地找牙，封锁德国北方海域许多年，德国打海战还需要聘请荷兰与奥地利雇佣兵来帮忙。当时德国所有的造舰与制炮技术都来自英国，德国自己生产的军舰除了中国的李鸿章没有其他国家看得上眼。在这种艰难的条件下一个契机带来了改变，那就是蒸汽铁甲舰的出现。

蒸汽铁甲舰对有经验的水手不像过去那么依赖，反而需要大量机械工匠，这正好是德国的优势。其次蒸汽铁甲舰需要的是煤炭和炼钢工业，这又是德国的强项，并且避免了因为缺少殖民地难以获得优良木材供应的窘境。讽刺的是，工业革命虽然发轫于英国，但由于殖民地太多原料供应无缺，反而缺少科技研发的动力。德国就不同了，譬如军舰涂装需要大量的油漆，因为缺少天然漆树原料的供应，德国只好研发人工合成涂料，因此带动德国的化学工业全面发展，后来居上。英国首先开发蒸汽铁甲舰，却因此抵消了自己原来的绝对优势，这不是非常吊诡的事情吗！

英、德两国造舰观念也南辕北辙。英国受纳尔逊强调进攻的思想影响，强调火力与速度而不太重视防御，他们自信满满地认为敌人只要看到英国皇家海军的旗帜，就会立刻逃之夭夭，所以认为军舰过多强调防护力是没有必要的，不如把减少防护力节省下的载重量来装载更多的弹药或更多的燃煤，日本海军的造舰观念就是来自英国。德国就不同，“存在舰队”的战略必须让军舰生存才能产生威慑力，所以德国海军比较重视装甲防护力，而且德国海军从来没有主动挑战英国争夺制海权的打算，因此他们的主炮口径都比英国的同级舰要小上一号。此外德国军舰不太重视续航力，煤舱容量较小，因为德国不像英国在全球有那么多殖民地需要照顾，常常需要高速驰援、万里奔袭。这个造舰观念的差异就是当年李鸿章在英、德分别订造巡洋舰时引发国内大论战的原因。

1897年，德国以在山东发生德国神父被杀的巨野教案为借口，强迫清廷签订《胶澳租界条约》，租用胶州湾地区99年，并且具有铁路修筑权以及采矿权。德国人在此建立青岛海军基地，并派遣“东亚分舰队”（Ostasiatische Kreuzergeschwader）进驻，这是德国除了本土的“公海舰队”（Hochseeflotte）以外派驻海外最大的一支舰队，最后一任司令就是著名的海军中将马克西米连·冯·斯佩（Maximilian von Spee）伯爵，他于1912年就任。

图中所见停泊于青岛港前的军舰由左至右是“沙恩霍斯特”号（SMS Scharnhorst）和“格奈森瑙”号（SMS Gneisenau）两艘装甲巡洋舰。最右侧的是轻巡洋舰“艾姆登”号（SMS Emden），黄色的上层结构还是第一次世界大战爆发前的涂装。

1914年8月第一次世界大战爆发的前夕，停泊于青岛的德国东亚舰队司令马克西米连·冯·斯佩的旗舰，装甲巡洋舰“沙恩霍斯特”号和僚舰“格奈森瑙”号依然开放民众登舰参观，一派假日悠闲的气氛。

德国在海外殖民地的舰队全部以装甲巡洋舰与轻巡洋舰为主，战列舰则全部集中在德国本土的公海舰队与英国对峙。

为避免被英、日舰队围困在青岛，“沙恩霍斯特”号与“格奈森瑙”号于战争爆发前夕就在4艘轻巡洋舰的伴随下匆匆出海，从此再也没有回来。两艘装甲巡洋舰在当年12月8日的福克兰海战中被击沉，舰上的官兵几乎全部丧命，包括司令斯佩中将与和他一起在东亚舰队服役的两个儿子。

德国皇家海军驻华的舰艇中有一批近岸炮舰。这种炮舰专为殖民地的需求而设计，所以概念类似巡洋舰，但为了节省成本，才改成“缩小版的巡洋舰”。其火炮布局很像轻巡洋舰，只不过尺寸、排水量、火炮口径都要比普通的巡洋舰小上一号。这种炮舰只部署在东非及中国青岛，因为这是德国两个最主要的海外殖民地。

德皇海军驻华的炮舰中以“伊利达斯”号（SMS Iltis）最为出名。图为大清帝国官员与水师军官登上第一代“伊利达斯”号炮舰参观。这艘军舰于 1896 年 7 月在中国山东遇风浪沉没，70 名水兵罹难。

我们从当年的记载发现，德国虽然很晚才进入中国，但德国货的质量优良在中国建立了良好的声誉，因而德国军火在后来几乎垄断了中国市场，像蒋介石就是德国货的忠实顾客。

第一次世界大战前驻华的德国炮舰有两级共 6 艘。图为第二代“伊利达斯”号炮舰在上海外滩德国总会前的黄浦江面。当年德国总会前有帆船式桅杆与礼炮。这座古堡风格建筑的德国总会因为中国参加第一次世界大战，对德宣战而被征收，后来在 1936 年改建为中国银行大楼。

德国从 19 世纪中叶普鲁士海军时代就有“炮舰”的舰种。当时的炮舰都有极大的风帆，蒸汽机则是辅助动力，这种炮舰很早就出现在中国海域，甚至在德国获得胶澳殖民地之前，其中最著名的就是“伊利达斯”号。

到第一次世界大战爆发时，德国在一线使用的炮舰分为两个级别，较旧的伊利达斯级有冲角，舰艏明显前倾，造型古典。本级舰排水量为 1048 吨，长 65.2 米，宽 9.1 米，吃水 3.59 米，双轴推进，4 座燃煤锅炉，3 部三段膨胀蒸汽主机，最大航速 14.8 节，续航力 3080 海里（9 节航速）。乘员军官 9 人，水兵 121 人。装备 4 门 88 毫米主炮，以前后左右分立方式布局，另有 6 门 37 毫米副炮。本级舰有“伊利达斯”号和“美洲虎”号（SMS Jaguar）两艘都曾在中国服役。

较新的美洲豹级（Panther）没有冲角，所以舰艏垂直，航海性能较佳。该级舰排水量 1193 吨，长 66.9 米，宽 9.7 米，吃水 3.3 米，双轴推进，4 座燃煤锅炉，3 部三段膨胀蒸汽主机，1300 马力，最多载煤 283 吨，最大航速 14 节，续航力 3400 海里（9 节航速）。乘员军官 9 人、水兵 121 人。装备 2 门 105 毫米主炮（前后各 1 门），6 门 37 毫米副炮。本级舰有“虎”号（SMS Tiger）、“猞猁”号（SMS Luchs）、“美洲豹”号（SMS Panther）、“公猪”号（SMS Eber）4 艘，其中“猞猁”号和“美洲豹”号都曾在中国服役。两级炮舰的火炮布局由两门左右并列改为中轴线一门，而且口径加大。

这批炮舰火力强大，大小适中，很适合中国的海岸防卫之用，第一次世界大战爆发时中国政府非常希望能够接收。但由于这批炮舰在青岛被日军包围后自沉，中国能接收的战利舰只剩下在南京草鞋峡被扣的两艘浅水炮舰“水獭”号（SMS Otter）与“祖国”号（SMS Vaterland）。1917 年中国对德宣战后接收了此两舰，改名“利捷”号与“利绥”号。

图为"虎"号炮舰进入青岛港，港内一艘装甲巡洋舰正在进行装煤作业。可与上页的"伊利达斯"号对比两者在舰艏构型与火炮布局上的差异。

德国轻巡洋舰在初期是左右各一门105毫米主炮，对应的伊利达斯级炮艇是左右各一门88毫米主炮。后来的德国巡洋舰都改为中轴线一门150毫米主炮，对应的美洲豹级炮舰则是中轴线一门105毫米主炮，两者武备上的发展轨迹完全一样，可见德国炮舰与巡洋舰之间的关系密切。

"虎"号炮舰由位于但泽的西泽船厂（Kaiserliche Werft）建造，1898年安放龙骨，1899年8月15日下水，1900年4月3日成军。此舰于1914年10月29日青岛即将被日军攻陷的前夕与姊妹舰"猞猁"号、"伊利达斯"号、"美洲虎"号在青岛自沉。德国皇家海军舰艇平时甲板以上全部漆成鹅黄色，非常亮丽，战时才漆成全灰色的低可视度涂装。

德国在青岛还有一艘浮动船坞，可以容纳装甲巡洋舰或同时让三艘小型舰艇进坞，是当时远东最大的浮坞。在第一次世界大战爆发后，日军攻占青岛时被日本人掳去，拖回日本本土后不知所终。

德国的盟友，奥匈帝国皇家海军长驻中国的巡洋舰“凯瑟琳·伊丽莎白”号（SMS Kaiserin Elisabeth）也是以青岛为母港。1914 年第一次世界大战爆发，9 月 6 日该舰曾遭到从日本水上飞机母舰“若宫”号起飞的“法尔曼”（Farman MF.11）式飞机的炸弹攻击，成为人类历史上第一次的空对海作战。

西方列强在中国取得内河航行权后，基于庚子事变的教训，为防止中国地方政府借故阻断航路以威胁在上游内陆地区的外商，所以仿照铁路派兵护路的方式，成立内河炮艇队进入内河巡弋，最远一直到达重庆。

在这一波当中，新兴的德国也不甘落后与他国，在其国内订造了数艘内河浅水炮艇，拆装运到中国，派驻在长江与广东的内河，包括两艘同级的“祖国”号（图左）、“青岛”号（SMS Tsintau）以及“水獭”号（图右）。“祖国”号和“水獭”号在 1917 年中国向德国宣战后被当做战利品接收，改名为“利绥”号与“利捷”号。

由于缺少建造浅水炮艇的经验，德国是参照鱼雷艇的形式来设计内河炮艇的。中国于清末由载洵向德国订造的两艘浅水炮舰就是此两型的后续改进版。

在德国建造的“祖国”号、“青岛”号以及“水濑”号浅水炮舰尚未建成前，德国先在中国购买现成的长江客轮“梧州”号改装为炮舰，改名“先锋”号(SMS Vorwrts)。该舰的水手中有中国水手，但我们从历史照片却看到该船上有许多童工，而这并不在编制内，可能是中国工头私下转包，当时只要供应三餐就可以免费雇到童工。

德国皇家海军的“水獭”号浅水炮舰，排水量比“祖国”号要大，也曾经溯江上驶到重庆驻防。

1914 年 10 月 18 日，德国皇家海军“SMS S90”号鱼雷艇在青岛击沉日本巡洋舰“高千穗”号。当时“高千穗”号正执行轮值封锁线警戒任务，显然是疏于防备没有发现“S90”号鱼雷艇的靠近，又恰巧被击中弹药库引起大爆炸而转瞬沉没。这可能是因长期当班无事，疲乏麻痹所造成。

1914年8月第一次世界大战爆发，德国政府对于孤悬海外的殖民地青岛鞭长莫及，尤其英国、日本两大海军强国都是协约国一方，德国早就认识到青岛是不可能守得住的。为避免被封锁遭到如1895年北洋舰队在威海卫或1904年俄罗斯太平洋舰队在旅顺被歼灭的下场，在开战之前斯佩中将就下令东亚分舰队所有能出海的舰艇全部出港，到大洋上担任袭击舰并伺机返回德国。

其中轻巡洋舰“艾姆登”号（SMS Emden）舰长穆勒（Karl von Müller）中校认为大舰队行动不便，在途中单独行动成功的可能性更大，因此经斯佩批准单独行动，结果单舰行动的“艾姆登”号取得了很大战绩，对协约国在印度洋地区的航运造成极大的恐慌，最终被澳大利亚巡洋舰“悉尼”号（HMAS Sydney）拦截，在1915年3月13日交战中重伤后自沉，但穆勒舰长的绅士作风与辉煌的战绩成为世界海军史上不朽的传奇。

至于斯佩分舰队的主力则在1914年10月21日在南美洲智利外海与英国皇家海军发生柯罗内尔海战并全歼对手，然而在12月8日于福克兰群岛的战斗中“沙恩霍斯特”号与“格奈森瑙”号双双被英军击沉，司令斯佩伯爵与他的两个儿子也都在此役中阵亡。

这些都是世界海战史上的著名战役，这些军舰全部都是从青岛出发，他们的船员也都曾在青岛居住多年，直到他们在南美洲外海战殁也没能回到祖国，生命最后一刻浮现眼前的可能还是美丽的青岛。

1914年10月18日，德国皇家海军“SMS S90”号鱼雷艇在青岛击沉日本巡洋舰“高千穗”号，造成包括舰长伊东佑保大佐在内271名日军水兵死亡，这也是世界海军史上著名的小艇击沉大舰案例。

因为德国皇家海军与青岛的关系，使得几艘历史名舰在中国留下身影，并让中国在世界海战史中留名。

1914 年战争爆发前夕，为避免被英军封锁，驻青岛德国东亚分舰队“沙恩霍斯特”号与“格奈森瑙”号两艘装甲巡洋舰由司令马克西米连·冯·斯佩伯爵率领出海。1914 年 12 月 8 日，两舰在与英国舰队在南美洲福克兰群岛的战斗中被击沉，司令斯佩伯爵与他的两个儿子都阵亡。

1914年8月2日，第一次世界大战爆发，“艾姆登”号8月8日由青岛出发，在北马里亚纳群岛的帕甘岛同斯佩中将的远东分舰队主力汇合，米勒舰长向斯佩中将提出单舰脱队前往印度洋对英国航运实施破袭的建议。8月14日“艾姆登”号携同运煤船“马克欧曼”号离开舰队主力，并加装一支假烟囱冒充四烟囱的英国巡洋舰，展开了一战中最为传奇的海上劫掠战。

图为柯罗内尔海战中英国皇家海军舰队司令海军少将克里斯托弗·克拉多克爵士（Sir Christopher Cradock）的座舰“好望角”号（HMS Good Hope）装甲巡洋舰被德国斯佩伯爵指挥的“沙恩霍斯特”号击沉，克拉多克少将在内的舰上所有人员全部阵亡。

1914 年 12 月 8 日，由装甲巡洋舰“沙恩霍斯特”号、“格奈森瑙”号，以及轻巡洋舰“纽伦堡”号、“莱比锡”号组成的德国斯佩分舰队在南大西洋福克兰群岛附近海域，遭遇英国海军中将斯特迪指挥的包括“无敌”号与“不屈”号战列巡洋舰在内的舰队，德军舰队遭到惨败，4 艘军舰全部被英军击沉。

1915年3月13日，唯一在福克兰海战幸存的“德累斯顿”号（SMS Dresden）轻巡洋舰在智利领海被英国巡洋舰“格拉斯哥”号（HMS Glasgow）和“肯特”号（HMS Kent）发现，经过短暂交火后，“德累斯顿”号眼见不敌挂白旗投降，但在英军要登舰俘虏时，德国水手引爆弹药库自沉。

还有一艘老旧的巡洋舰“秃鹫”号（SMS Geier）自东非赶来，但没来得及加入斯佩分舰队，只好单独进行破交任务。1914 年 10 月 19 日，“盖尔”号来到当时尚属中立国的美国夏威夷檀香山补给时，发现日本的“肥前”号与“浅间”号已在港外等候截堵，“盖尔”号进港躲避被解除武装。三年后美国参战，被美国海军接收，改名为“舒尔茨”号（USS Schurz）。

德国轻巡洋舰“艾姆登”号 1910 年 4 月 1 日正式加入德国东亚舰队，被派往德国在中国的殖民地胶州湾长驻青岛，1913 年 8 月曾经在长江与英国及日本军舰一同镇压讨伐袁世凯的二次革命。“艾姆登”号在青岛期间因其优美的线型得到了“东方天鹅”（The Swan of East）的美名。

1914 年 9 月 22 日晚，“艾姆登”号悄悄驶近印度半岛东南部的马德拉斯（Madras）。当晚 21 时 30 分开始炮击港内的大型油槽，第一轮在 3000 码距离发射 30 发炮弹引起了大火，海岸炮台半个钟头后才反应过来开始还击。“艾姆登”号在发射了 125 发炮弹后毫发无伤地离开。虽然这次行动没有造成太大的损伤，但引起当地恐慌，数千人逃离马德拉斯，严重影响了英国在当地的威信。

1914 年 10 月 28 日早晨，“艾姆登”号全速驶入马来亚的槟榔屿港，然后升起德国军旗向停泊在港内的俄国装甲巡洋舰“珍珠”号（RU Zhemchug）发射鱼雷，紧接着主炮齐射将俄舰打得千疮百孔。“艾姆登”号随即转向再发射第二枚鱼雷，“蜻蜓”号被鱼雷命中引起大爆炸而沉没，81 人死亡，129 人受伤。

“艾姆登”号在击沉“蜻蜓”号后转身离开，一艘法国驱逐舰“鸟铳”号（Mousquet）以为是英国巡洋舰而尾随在后。一到外海“艾姆登”号就突然开火并很快将其击沉，36 名法国水兵被“艾姆登”号救起，其中 3 人后因伤重身亡。两天后“艾姆登”号截停了英国商船“纽伯恩”号（SS Newburn），将剩余的法国水兵移交给英国商船带回苏门答腊的沙璜。

1914 年 11 月 9 日，“艾姆登”号抵达可可群岛中的德雷克申岛，欲登岛破坏无线电站，进港时被无线电站的负责人发现伪装烟囱而通报，路过的澳大利亚护航舰队派出轻巡洋舰“悉尼”号（HMAS Sydney）赶来，战斗持续近一个半小时，“艾姆登”号被“悉尼”号击中 100 次以上，穆勒舰长只好抢滩搁浅，以避免沉没。

“艾姆登”号的传奇还没有结束。登岛部队有 50 名官兵在穆克中尉的率领下，在“艾姆登”号沉没后抢夺一艘当地的三桅古老帆船“阿耶沙”号（Ayesha）赶在澳大利亚人登岛来俘虏他们之前离开，在没有海图的情况下驶往苏门答腊，辗转经过奥斯曼土耳其帝国回到德国。战后“艾姆登”号的残骸变成观光旅游的景点。

1914 年 11 月，德军在胶州湾大势已去。11 月 6 日，海军飞行员冈瑟·佩鲁斯肖少尉奉总督之命携带机密文件，冒着敌人的炮火飞出青岛。在飞行了约 250 千米后，因燃料耗尽而坠入江苏省海州的一片稻田中。他卸下方向盘，放火烧掉飞机，然后开始了返回德国的传奇旅程。

佩鲁斯肖设法搭乘木船沿河而下抵达南京。他不愿被当成战俘关进集中营，于是买通一名警卫让他搭火车抵达上海。佩鲁斯肖在这儿遇到了一名在柏林就认识的外交官的女儿，她为他提供了假护照、盘缠，买到了经过长崎、檀香山到旧金山的“蒙古利亚”号（SS Mongolia）船票。

12 月 5 日他搭乘“蒙古利亚”号跨越太平洋抵达旧金山，并自称为瑞士人厄尼斯特·史密斯（Ernst Smith）。1915 年 1 月他搭火车穿越美国大陆抵达纽约市。

冈瑟·佩鲁斯肖海军少尉在青岛驾驶飞机以手枪攻击日本飞机（日本引进的法国制造的“法尔曼”飞机）。据说这是世界上的首次空战，就发生在青岛。

佩鲁斯肖发现他现在竟成了名人，他在纽约的报纸上读到了自己已经到达纽约的报道。他再度交了好运，在纽约竟遇见了他以前在柏林认识的朋友，朋友帮他搞到旅行证件以及 1915 年 1 月 30 日开往意大利的船票。在船上有人问起他的背景，他自称曾是英国海军军官，但在细节上露出了破绽。这本来也无伤大雅，谁知人算不如天算，恶劣的天气迫使这艘船临时停靠直布罗陀，众所周知直布罗陀是英国殖民地，英国人怀疑他的身份将他逮捕，很快发现他就是那位以“飞离青岛”名噪一时的德国飞行员。

佩鲁斯肖与其他德国战俘一起被送往位于英国莱斯特郡多宁顿厅的战俘营，不过三天后他就在暴雨中与另一名德国战俘逃脱，步行 24 千米到德比（Derby）搭乘火车前往伦敦。在伦敦佩鲁斯肖利用鞋油和凡士林让金色的头发变成黑色，还用煤尘烟灰粘在衣服上让自己看起来像码头工人。当时处于战时的伦敦基于安全理由，政府禁止公布任何船舶离港的时间班次，但他幸运地邂逅一位女伴，她给了他开往中立国荷兰的渡轮“朱莉安娜公主”号（SS Princess Juliana）的开航资料。他搭火车到埃塞克斯港，经过四次失败，最终游泳登上渡轮藏在救生艇中安全跨越海峡抵达荷兰的法拉盛并转往德国。到了德国他竟然被当成间谍逮捕，因为没有人相信他怎么可能完成这样的壮举！

他那令人不可思议的故事终于被官方认可，佩鲁斯肖被誉为“从青岛来的英雄”。他获得一级铁十字勋章并被提升为上尉，分配在被占领的拉脱维亚库尔兰海军基地担任指挥官。1916 年 6 月，他撰写了第一本书《一个来自青岛的飞行员历险记》，销量超过 70 万本。1918 年，他用卖书赚到的钱买了一架飞机进行探险，这架飞机理所当然地被命名为“青岛”号。后来他在驾驶这架“青岛”号飞行时因事故坠机身亡。

因为这些德国人的胆大妄为，让青岛在世界海军史上留下传奇。

在清朝统治时期，台湾四周海域经常发生船难，主要原因是大清帝国疏于航政建设，灯塔、航标、海图、救难机制完全缺乏，造成船只在台湾海域航行危机四伏。另一个危险是只要有船难，逃生上岸的受难者经常被台湾少数民族“出草”杀尽，而清廷对此一点解决的方法都没有，只能推称是非属管辖领域的化外之民。譬如1867年3月，美国商船“罗妹”号（SS Rover，又译罗发号）由广东汕头开往东北的牛庄，途经台湾海峡时遭风浪漂流至屏东七星岩触礁沉没，船员划救生艇登岸误闯排湾族领地，船长杭特（J. W. Hunt）夫妇等13人遭排湾族杀害，仅一名汕头籍的厨师逃出至打狗向当局报告。英国驻安平办事处领事贾禄（Charles Carroll）以为是英国船遭难，派皇家海军“鸬鹚”（HMS Cormorant）号炮舰到当地登陆搜救并发炮攻击，后来才弄清楚是美国船，于是通知美国公使蒲安臣（Anson Burlingame）。蒲指派驻厦门领事李仙得（Charles W. Le Gendre）赴台协调。李向台湾的大清官员讨个说法，得到的答案就是该地为“生番”领域，不属于官署治理范围，李想要与排湾族直接谈判，但花了四个月的时间却始终不得其门而入，在接连碰壁后李仙得决定以武力教训这些清朝官员口中的“化外之民”。

李仙得向亚洲舰队司令海军少将亨利·贝尔（Henry H. Bell）请求先展开一次“侦察”行动。于是在1867年6月13日，“哈特福”（USS Hartford）与“怀俄明”（USS Wyoming）两艘军舰搭载181名水兵与海军陆战队由驻地福州出发，在英国商人必麒麟（W.A.Pickering）引导下在南台湾登陆，但遭到排湾族伏击，“哈特福”号副舰长麦肯锡（Alexander Slidell MacKenzie）上尉阵亡，美军无功而返。7月30日李仙得要求再次出动，被上次吃了闷亏的贝尔少将给拒绝了，何况上次的行动也没有得到美国政府的批准。

之后李仙得于10月10日再度抵台，终于在琅峤与排湾族十八社总头目卓杞笃会面交涉，双方达成协议。卓杞笃同意归还船长夫妇的首级及物品，并协议未来若有海难以红旗为求援信号以避免误会，此即“南岬之盟”。奇特的是谈判时清政府官员亦在场，竟坐视美国领事与排湾族头目签订类似外交条约的文件，好像自己是局外人。

一直想出兵台湾的李仙得后来被日本政府重金聘为顾问，也一直大肆鼓吹日本出兵占领台湾。7年后的“牡丹社事件”在这时已经埋下种子。李仙得在处理“罗发号事件”中获得的情报与经验对后来日本的军事行动具有重大价值，甚至延伸到1895年的占领台湾。

Capitan YAO

图为美国最早派来中国的海防炮舰“海伦娜”号(USS Helena)早年停泊在广东水域，这是典型的当年风景画风格。

“海伦娜”号曾经参加美西战争与美国征服菲律宾的战役，之后留在亚洲并长期在中国服役。不过“海伦娜”号是海防炮舰，吃水较深，无法上溯四川，而当时美军拥有的小型炮舰多是俘虏菲律宾的老旧西班牙制炮舰，质量很差也不合用。所以美国海军于1927年在上海江南造船所建造了一批六艘能行驶长江上游的浅水炮舰，以解决这个问题。

在中国的角逐擂台中，相较于其他列强，美国开始得比较晚。但从佩里的“黑船”舰队敲开日本的锁国、吞并夏威夷王国获得太平洋中的关键基地，借由美西战争在西海岸获得圣地亚哥军港与远东的菲律宾殖民地，每一步都非常关键而踏实，加上家底雄厚，出手大方，让身为在华西方势力老大哥的英国倍感威胁。

1900 年 6 月 28 日，美国海军战列舰“俄勒冈”号（USS Oregon）由香港开往大沽支援八国联军途中，在渤海湾的长山岛附近触礁，造成漏水往右倾斜，后来由一位来自丹麦哥本哈根的工程师协助架设抽水机排水，直到 7 月 5 日才脱险。

美国海军“威斯康星”号（USS Wisconsin）战列舰 1905 年在山东芝罘，该舰从 1904 年到 1906 年在中国服役。

“奥林匹亚”号（USS Olympia）防护型巡洋舰自 1895 年底起接替“巴尔的摩”号（USS Baltimore）担任美国亚洲舰队旗舰。该舰在 1898 年 1 月由舰队司令海军准将杜威（George Dewey）率领，于当年 5 月自香港出发开往菲律宾马尼拉参加对西班牙的海战。“奥林匹亚”号在临战前将全舰重漆为低可视度的深灰色，这与后世对该舰亮丽黄白色涂装的印象不同。“奥林匹亚”号在马尼拉海战中大获全胜，成为功勋舰，现停泊于美国费城作为博物馆展示舰。

图为美国海军亚洲舰队 1922 年到 1924 年的旗舰“休伦”号（USS Huron）装甲巡洋舰通过上海黄浦江外滩公共租界前。汇丰银行大楼的圆形穹顶正在建造，旁边的江海关大楼是旧楼尚未改建，图右南京路口的沙逊总部（今和平饭店）与中国银行大楼也都尚未兴建，中国银行所在的原来德国总会尖塔型古堡建筑尚在，可知时间大约在 1922 年。

图为美国亚洲舰队 1910 年云集香港维多利亚湾。中央偏右那艘舱面被帆布棚盖满、三枝桅杆的船只是英国皇家海军的“添马”号（HMS Tamar）。该舰为 19 世纪的风帆运输舰，后来在香港除役成为宿舍仓库船，在太平洋战争爆发时沉没，现在成为香港的地名。

“添马”号前方的单烟囱小型炮舰是“比利亚洛沃斯”号（USS Villalobos），它舰艏前方有一根高耸的烟囱的炮舰是“赫莲娜”号（USS Helena），舰艉方向两支烟囱的炮舰是“辛辛那提”号（USS Cincinnati）。两艘之间靠近岸边三桅带帆装的船是“普林斯顿”号（USS Princeton）。

后方的数艘巡洋舰分别是美国的“查塔努加”号（USS Chattanooga），英国的“蒙默思”号（HMS Monmouth）、“艾尔弗雷德国王”号（HMS King Alfred）、“肯特”号（HMS Kent）、“贝德福德”号（HMS Bedford）、“灰背隼”号（HMS Merlin）、“霍克”号（HMS Hawke），以及法国的巡洋舰“德·恩特斯特克”号（D'Entrecasteaux）。

美国亚洲舰队旗舰“奥古斯塔”号（USS Augusta）重巡洋舰在上海外滩前停泊，当时该舰的舰长就是太平洋战争时期美国海军太平洋舰队司令切斯特·尼米兹。该舰于1933年12月到任常驻上海，在1937年全程近距离目睹中日淞沪会战的过程。8月14日该舰右舷附近落下中国空军轰炸机投下的两枚近失弹，但没有造成人员伤亡。8月20日下午一发中国军队的高射炮炮弹落在“奥古斯塔”号甲板上，1名水兵被炸身亡，同时有17名水兵受伤。“奥古斯塔”号直到1938年才离开上海。

19 世纪美国的外交政策基本上是“门罗主义”（Monroe Doctrine）。我们常将门罗主义解释成孤立主义，其实这并不确切，门罗主义主要是与欧洲国家划大西洋分治，彼此互不干预。美国固然承诺不介入欧洲强权的角逐，但透过门罗主义，美国插手美洲国家的内政，也不容欧洲国家置喙。

美国对美洲各国的介入大家比较熟悉的是像墨西哥、尼加拉瓜、古巴、巴拿马这些中美洲国家，美国根本就把他们当成了自家的后花园，只要不如其意就推翻人家政府另扶持亲美傀儡。南美国家也同样不能幸免，譬如第二次世界大战期间美国就有占领巴西的秘密计划，以防止德军利用巴西为跳板从后方攻击美国。

门罗主义暂时限制了美国在欧洲的机会，但在亚洲则不受此制约。美国在 19 世纪下半叶逐步获得西海岸土地而成为两洋国家，佩里的黑船舰队直接促成了日本的明治维新，美国的影响力在日本至今不衰。到了 1900 年，美西战争更让美国首度在远东获得殖民地菲律宾，并开始对中国产生很大兴趣。1907 年大白舰队环球之旅就是一场“炮舰外交肌肉秀”。到了第二次世界大战之后，美国更成为世界超级强权，连在欧洲都成为老大哥。所以门罗主义不但不是孤立主义，根本就是帝国主义的假面具。

1908 年 10 月 30 日，美国海军环球访问的“大白舰队”中的 8 艘战列舰及其他舰艇来到厦门访问，这是美国首次向全球展示其“炮舰外交”的工具。

由于美国介入中国事务较英、法等国晚，所以宣扬开放主义，这当然对后到者有利，但如果因此以为美国对中国比较友善而对其产生好感就显然一厢情愿。美国在中国实施的炮舰外交与其他列强完全一样，只是美国家底厚，出手大方而且不急于求现，加上包装能力强，故在所有列强中并不显得急吼吼而已，其帝国主义的本质并无不同。

除了海军舰艇，还有长期驻华的地面部队，包括在上海的海军陆战队第 4 团、在天津的海军陆战队第 6 团。另外陆军步兵第 15 团也是驻在天津“美国大院”（American Barracks），马歇尔在 1924 年至 1927 年就曾任该团副团长、团长，史迪威在 1926 年至 1929 年间在该团担任营长，两人的中国经验对以后的美国对华政策影响很大。

901

美国海军亚洲舰队旗舰“奥古斯塔”号重巡洋舰于1937年8月淞沪抗战爆发时正好在上海，舰上官兵近距离目睹了中日军队的战斗。图中可见许多列强的军舰泊于黄浦江，最前方的是美国海军的“奥古斯塔”号巡洋舰，后面是英国皇家海军的“坎伯兰”号（HMS Cumberland）巡洋舰，再后面是“德莫特·德·恩伏利”号（Dumont D ‘urville）和“萨伏格纳·德·比瑞兹”号（Savorgnan de Brazza）两艘法国殖民地巡视舰，以及意大利的“拉依蒙多·蒙特库科利”号（Raimondo Montecuccoli）巡洋舰。画面的左边是浦东，正遭到日军炮轰而浓烟滚滚。

8月14日下午4时30分，一架中国空军的诺斯罗普2E轰炸机由于把美军“奥古斯塔”号巡洋舰误认为日本军舰而在右舷投下两枚炸弹，因距离较近，炸弹碎片撒满甲板，但幸好没有造成人员伤亡。20日下午，“奥古斯塔”号上的水兵正集合准备看电影，一发由中国军队发射的高射炮炮弹落在甲板上，1名水兵被炸身亡，17名水兵受伤。

美国海军为了更新老旧的内河炮舰，并加强进入川江上游浅水区域的能力，于 1927 年向江南造船所订造了 6 艘浅水炮舰："图图伊拉"号（USS Tutuila）、"班乃岛"号（USS Panay）、"瓦胡岛"号（USS Oahu）、"关岛"号（USS Guam，后来改名"威克岛"号 USS Wake）、"吕宋岛"号（USS Luzon）和"棉兰老岛"号（USS Mindanao）。舷号从 PR-3 到 PR-8（"PR"代表内河巡逻炮艇）。这批浅水炮舰都以美国占领的殖民地岛屿命名。这对当年的江南造船所来说是一笔大订单，中国的工程师也借由美国送来的图纸学习到很多设计的观念与方法，对 1927 年之后替中国海军设计建造一系列浅水炮舰很有帮助。

该级炮舰的排水量为 350 吨，长 48.6 米，宽 8.22 米，吃水 1.6 米。主机为 2 台 950 马力三段膨胀蒸汽机，双轴推进，最大航速 14.5 节。装备 2 门 76 毫米炮、8 挺 7.7 毫米机枪，乘员 59 人。

图中沿黄浦江的江南造船厂厂区在 2010 年成为上海世博会的园区，江南造船厂已全部搬迁到长江口的长兴岛上。

“蒙特雷”号（USS Monterey）与“蒙达诺卡”号（USS Monadnock）两艘浅水重炮舰于 1899 年到 1905 年在中国服役。像“蒙特雷”号这种莫尼顿级（Monitor）的浅水重炮舰，要跨越太平洋从美国来到亚洲恐怕得冒很大的风险，不过它亦有通过三峡上驶川江的纪录。

“比利亚洛沃斯”号（USS Villalobos）是电影《圣保罗号炮艇》（*The Sand Pebbles*）的原型。它是美西战争中在菲律宾缴获的西班牙炮舰之一。当时这些被缴获的西班牙舰都保持原来的西班牙文舰名进入美国海军服役，譬如“比利亚洛沃斯”号、“圣巴勃罗”号（USS San Pablo）、“埃尔卡诺”号（USS Juan Sebastian de Elcano）等。有趣的是“比利亚洛沃斯”号的本尊是1895年西班牙在香港订造的，而1965年拍电影那艘1:1炮舰道具也是在香港订造的，中间相差70年。

当年美国炮舰“图图伊拉”号驻在重庆尚未移交给中国海军时，笔者父亲曾经亲眼见过舰上的美国军医检查水兵每天要吃的鸡蛋。他拿起一只只的蛋对着阳光看，觉得里面不干净就敲碎丢入江中。旁观的中国人都觉得十分可惜，因为当时普通的中国人一个月也吃不到一只鸡蛋。

美国海军驻华浅水炮舰的第一艘是“莫诺卡西”号（USS Monocacy）明轮船，于1889年就来到中国，后因1900年的庚子事变调往北方，之后几年都在天津白河驻防。之后“蒙特雷”号与“蒙达诺卡”号两艘浅水重炮舰于1899年因庚子事变自美抵达中国，取代“莫诺卡西”号成为驻华浅水炮舰队的主力。1900年美国在马尼拉海战中俘获许多西班牙炮舰，譬如“比利亚洛沃斯”号、“圣巴勃罗”号、“埃尔卡诺”号等。这些炮舰都保留原来西班牙舰名，调来中国充实浅水炮舰队。同时美国也将从本土派来参加马尼拉海战的“海伦娜”号、“伊莎贝拉”号（USS Isabela）等大型炮舰留在中国，这才使美国驻华内河海军初具规模。

到了1920年代末期，这些西班牙炮舰都已老旧，大型炮舰又无法上驶川江，于是1927年美国海军向江南造船所订造了六艘浅水炮舰：“图图伊拉”号、“班乃岛”号、“瓦胡岛”号、“关岛”号、“吕宋岛”号和“棉兰老岛”号。美国本土送来的图纸让造船设计部门的华籍工程师如获至宝，因为由图中可以见到船舰原始设计的理念，这在过去由英国人主导的时代是无法接触到的。后来江南造船所的主任工程师叶在馥为中国海军设计包括“咸宁”号、“永绥”号、“民权”号、“民生”号等军舰几乎全部都是以这批图纸为基础修改而成。

六艘江南造船所建造的浅水炮舰中，“班乃岛”号于1937年在南京被日本飞机击沉；“图图伊拉”号于1942年在重庆移交给国民政府，改名“美原”号；“瓦胡岛”号与“棉兰老岛”号于1942年在菲律宾战役中被击沉或自沉，其余两艘先由日军占有，二战后，被中国作为战利舰接收，改名“太原”号。

图为 1930 年代日本海军的“雾岛”号战列舰在厦门外海。日本当时对于华南地区是以澎湖马公为基地，并经常派出大舰在厦门海域游弋。上海黄浦江由于水浅，没有看到有日本战列舰进出的记录。

为了取得厦门港的使用权，日本刻意与中国海军中的“闽系”保持友好关系。1932 年 1 月 28 日“一·二八事变”时，当十九路军与日军在上海打得你死我活时，闽系海军却拒绝参与，仍然与日本海军进行访问活动，而同一时间日本海军从澎湖派出大批舰艇进入上海。闽系海军的举动在当时曾引起国人强烈谴责。

太平洋战争爆发后，日本海军的重心改为南进，将主要基地由澎湖移往台湾高雄，并开发左营基地。

“长良”号轻巡洋舰在上海外滩前的黄浦江。在战前日本海军的轻巡洋舰经常轮换到上海驻防。

日本海军一整支水雷战队（包括 1 艘轻巡洋舰、12 艘驱逐舰）在汉口江面布阵校阅。长江在丰水期万吨巨轮可以上驶到武汉，是全球最繁忙的内河航路，也引来各国海军舰艇深入内陆进行“炮舰外交”。

图为日本海军驱逐舰“栗”号通过汉口英租界码头前。背景有钟塔的建筑就是“江汉关”大楼。图左方一艘太古洋行的拖轮交错驶过，后方靠近岸边则有一艘英国皇家海军的浅水炮舰，图右侧则有一艘日清公司的“岳阳丸”汽船驶入。汉口位居长江中游，上游与支流的进出口货物都要到此集散，长江航运也以此为分界点，所谓的“九省通衢”。由此图可以感受汉口码头的繁忙，因此有人说汉口的外滩丝毫不输给上海的外滩。

抗战前日本海军常把整支水雷战队的驱逐舰拉到武汉江面操练，由于早年的驱逐舰排水量大多不超过千吨，所以吃水不成问题。不过以驱逐舰的高航速以及雷击舰的特点在江河之中能否发挥作用还是很令人怀疑。在抗战的初期，日军这些驱逐舰大多扮演以舰炮支援地面作战的角色。太平洋战争爆发后这些驱逐舰基本上都从中国的内河消失，调到太平洋战场参战。

天津海河的老龙头铁桥（今万国桥）正打开让一艘日本驱逐舰通过。从前驱逐舰体积小，排水量往往不超过千吨，可以在内河航行。流过天津市区的海河上有数座可开合的铁桥，当年日本海军在海河上游驻有数艘驱逐舰，每次出海都必须通过这些铁桥。

日本海军新锐轻巡洋舰“夕张”号在上海。“夕张”号的设计是日本在 1930 年代带有实验性质的，主要实验如何在最小的船体上安装尽可能多的武备，日本为中国建造的“宁海”号轻巡洋舰就参考了许多“夕张”号的设计理念。“夕张”号在抗战时期参与了多次包括在上海与广东虎门的侵略战。

日本由于地理位置的优势，驻华浅水炮舰队的舰艇数量仅次于英国皇家海军而位居列强第二位。

虽然内河浅水炮舰的排水量仅有数百吨，但因为代表移动的国土，经常需要处理外交事务，甚至成为流动的领事馆，在舰上可以核发护照签证。所以派任的舰长大多是中佐甚至大佐官阶的资深军官，以便担任代理领事的职务。而且内河炮舰比大型战舰更能够深入内陆，在执行保侨护产任务的同时还要面对地方民事，问题更加复杂，阅历不足的舰长恐怕不容易应付。

日本海军驻华浅水炮舰的舰艏都镶有军舰才能悬挂的“菊纹章”。在“军舰”定义严格的日本这是很重要的，因为日本海军有许多排水量几千吨的船只能算是“特务船”而不是“军舰”，舰艏不能挂菊纹章，由此可见他们对这些炮舰的重视。

这是“安宅”号炮舰还未改装前的模样。为了能增大舱内空间以容纳战队司令部，具有尾楼的船型让它充满古典风格。此时的主炮尚是针对舰对舰炮战的需求，改装后更换为以防空为主的高射炮。硕大的战斗桅盘是早期浅水炮舰的特色，在改装后也更换成轻量化的三角桅。

1941 年新完工的日本“宇治”号炮舰在当年年底参加日军攻占香港作战后于 1942 年来到上海，取代“出云”号，成为常驻中国的日舰中最具威力的一艘军舰，并成为统领长江中所有日本浅水炮舰的旗舰。“宇治”号从未与“出云”号同时出现在上海，因为“出云”号 1941 年底就离开上海开赴菲律宾支援日军的登陆作战，因触雷在香港维修后于 1943 年回国。

日本“宇治”号来华后不久，由于盟军取得制空权，所以浅水炮舰不再使用亮丽的白色涂装，都改为低可视度甚至配合内河景色漆成黄绿伪装色。同时拆除部分火炮更换为高射炮，任务也改以防空为主。“宇治”号的舰桥甚至绑满竹筒作为防弹片的保护装置。为躲避空袭，许多军舰都离开上海，沿长江的河岔岸边疏散隐蔽。

战前日本海军浅水炮舰“势多”号与“坚田”号准备驶往重庆，在宜昌江面与一艘日清公司的汽船交会而过。该级舰共建有四艘，分别是“势多”号、“坚田”号、“比良”号与“保津”号。

图为日本驻华浅水炮舰“鸟羽”号经过江西九江的长江江面。九江是长江航运的重要口岸，列强在此的产业与侨民也不少，日本的浅水炮舰队在此有一个基地。

从前铁路、公路不发达，河流几乎是唯一的交通渠道。不仅大宗物资的运输，连带工厂与商行也依附在河边，以利原料及成品的进出，工商业创造的就业机会吸引了更多的人口聚集，这就是从前重要的都市都出现在河边的原因。

既然是口岸，也一定是设置海关的地方，由于中国海关的官员大多是洋人，所以形成了西方人的居住社区，其他来华从事贸易或传教的西方人也就依附在这个社区逐步发展。他们的考虑包括轮船交通进出的便利性，以及浅水炮舰巡弋带来的安全感，这对经历过庚子之乱与 1926 年反帝运动的洋人来说尤其重要。

浅水炮舰“隅田”号在湘江巡逻保护日本在长沙的侨民与资产。该舰在战后由中国海军接收改名“江犀”号，1949 年留在大陆，加入人民海军江防舰队，改名“涪江”号，1970 年代除役。

太平洋战争之前日本在长江的所有浅水炮舰另与三艘二等驱逐舰共同组成第十一战队，由海防炮舰“安宅”号担任旗舰，隶属于驻华的第三舰队。1945年日本战败投降后“安宅”号被中国政府接收，改名“安东”号，1949年4月23日随第二舰队在南京起义，旋即被国民党空军炸沉。

1941年12月太平洋战争爆发后，“安宅”号的旗舰地位由更新锐的“宇治”号取代。“宇治”号在战后被中国接收改名“长治”号，并担任第一舰队旗舰。1949年9月“长治”号在长江口执行“关闭”任务时起义，在加入人民海军后改名“南昌”号，长期作为东海舰队旗舰。

其他日本驻华各浅水炮舰分别如下：势多级有四艘分别是“势多”号、“坚田”号、“比良”号、“保津”号。“势多”号战后由中国海军接收改名“常德”号，1949年留在大陆，加入人民海军改名“闽江”号。

热海级有两艘，分别是“热海”号和“二见”号。“热海”号战后被中国海军接收，改名“永平”号，1949年留在大陆，加入人民海军改名“乌江”号；“二见”号战后被中国海军接收改名“永安”号，1949年留在大陆，加入人民海军改名“珠江”号。

鸟羽级有一艘，战后由中国海军接收改名“永济”号，1948年改名“郝穴”号以纪念该舰在湖北郝穴的战功。1949年留在大陆，加入人民海军改名“湘江”号。

伏见级有两艘，分别是“伏见”号和“隅田”号。“隅田”号战后由中国海军接收，改名“江犀”号，1949年留在大陆，加入人民海军改名“涪江”号；另外还有一艘迷你型炮舰“小鹰”号，由于体积小而被称为“豆炮舰”。

另外日本海军还有战利舰：1941年12月8日太平洋战争爆发后，在上海接收美国海军的“关岛”号，改名“多多良”号。1941年12月25日在香港自沉的英国海军“飞蛾”号（HMS Moth）炮舰，日军将其打捞后改名“须磨”号。1943年9月因为意大利投降盟军，其在中国的两艘战舰被日军接收，日军将“勒班陀”号（Lepanto）改名“兴津”号，将“埃马诺·卡洛托”号（Ermanno Carlotto）改名“鸣海”号。1943年日军从澳门购入原葡萄牙海军的“澳门”号（Macau）改名“舞子”号，战后被中国海军接收改名“舞凤”号，1949年10月在广州江门起义，改名“3-522”号。

1945年8月日本投降后，“安宅”号为避免被盟军扣押而抢先离开上海，但在冲出长江口时被已经赶到的美国海军舰队发现，再押回上海，并在后桅升起美国国旗，宣布已被美国接收。当时负责接收“安宅”号的美国海军朱姆沃尔特上尉（Lieutenant Elmo R. Zumwalt, Jr，图的中间人群里最右边手指日本人的那位），就是后来担任美国海军作战部长的朱姆沃尔特上将。现在美国最新锐的朱姆沃尔特级驱逐舰就是用他的名字命名的。

“安宅”号直到1945年9月17日才再由美国海军移交给中国。典礼中美国太平洋舰队司令金凯德上将将该舰移交给中国海军总司令陈绍宽上将，改名为“安东”号。

“安东”号参加了1949年4月23日海防第二舰队起义，同年9月24日在芜湖被国民党空军炸沉，因损坏过重也没有再打捞修复使用。

日本海军为了争取未来伪满洲国成立后水上武力的主导权，抢先成立“松花江临时海军派遣队”，在来不及造舰的情况下，先临时改装了 4 艘内河明轮汽船充做军舰，如图中的“广庆”号与只露出船尾的“广宁”号。然而最后关东军控制了溥仪，为永远断绝海军控制伪满洲国水上力量的意图，干脆废除了伪满洲国海军，改为穿陆军制服的“江上军”，日本陆海军恶斗之烈可见一斑。

日军在以水路为主要交通方式的华中与华南地区进行清乡，25 吨级巡逻艇更为管用。因此在江南造船所建造了许多 25 吨级巡逻艇，这批根据内火艇设计，吃水非常浅的巡逻炮艇通常是由日本陆军而非海军操作。

3-187

1933 年日本联合舰队下辖的第一及第二舰队的 64 艘军舰，包括旗舰“陆奥”号战列舰、7 艘重巡洋舰、1 个水雷战队、1 个潜水战队、2 艘辅助舰艇，以及 2 万多名官兵浩浩荡荡大举访问台湾。进港时“陆奥”号的舰载一五式水上侦察机还起飞巡行。舰队于 7 月 4 日进入基隆港，之后还访问了高雄与马公。

日本占领台湾 50 年中，日本联合舰队的大小舰只经常会来到台湾巡航或驻防。当年台湾是日本的殖民地，所以日本舰队能肆意地进出台湾。

1923 年（大正十二年）4 月 16 日，裕仁天皇（当时还是皇太子）访问台湾。他所搭乘的御召舰“金刚”号战列舰抵台第一站是基隆。图为“金刚”号战列舰在驱逐舰护卫下通过基隆屿进入基隆港航道。

日本占领台湾后，日本军舰经常来此巡视。图为两艘旧式的装甲巡洋舰担任海军兵学校练习舰通过鹅銮鼻灯塔前。

1937 年，日本练习舰“八云”号抵达基隆停泊于西岸码头的仓库前。“八云”号是日本在 1900 年向德国订造的装甲巡洋舰，姊妹舰为“吾妻”号，两舰曾参加日俄战争，至 1930 年代已经十分老旧，经常被用来载运海军兵学校学生进行远航训练，台湾基隆是必到之处。

图为日本海军一艘二等驱逐舰在基隆港内调头。从前日本海军在基隆常驻一支水雷战队，下辖 3 到 4 艘驱逐舰，根据海军与总督府的协议，它们还要兼负缉捕海盗的任务。背后的红砖楼房是大阪商船株式会社基隆支店，在第二次世界大战时被盟军飞机炸毁后一直没有重建，现成为阳明海洋文化艺术馆前的小广场。红砖楼房后方就是老的基隆火车站。

在日本统治时代，日本海军在淡水常驻数艘驱逐舰，它们通常停泊于税关码头前。当时的淡水河尚未淤浅，可容纳较大型的船舰进入。

1933 年 7 月到台湾访问的日本联合舰队旗舰“陆奥”号战斗舰在高雄港外泊地开放参观，参观者要搭乘驳船出港，从“陆奥”的舷边登舰。

图为“高雄舰进高雄港”。其实重巡洋舰“高雄”号的舰名并非来自“高雄港”，而是来自日本京都府的“高雄山”。“高雄市”的名字是来自台湾少数民族话“打狗”（Takao）的发音，再借用日本的同音地名“高雄”而来。

图为日本海军常驻澎湖马公的布雷舰“测天”号。“测天”号是少数日本军舰中以台湾地名命名的，马公军港的所在地就是测天岛。

本图表现日本的侨民从日清汽船的甲板上看“出云”号在黄浦江上驶向苏州河口的泊位。“出云”号桅顶悬挂的海军中将旗表示第三舰队司令长官长谷川清中将在舰上。

上海苏州河以北的虹口地区是日本人的势力范围，日本驻上海总领事馆、上海特别陆战队司令部，及“出云”号、日本邮船与日清汽船停泊的码头都在这儿。

图中背景可见 1936 年“出云”号来到上海时的“沙逊大厦”（绿色尖屋顶那幢）旁边的中国银行大楼刚刚完工，第二年抗战就全面爆发了。

从上海南京路看向外滩，见到“出云”号在黄浦江上移动锚位。右边红色建筑当年是“汇中饭店”(Palace Hotel)，20 世纪初曾是上海最豪华的饭店，今天是 Swatch 上海总部。左边砂岩色的建筑是“沙逊大厦”(Sasson’s Building)，是上海最有钱的西方人沙逊爵士的总部，内设有“华懋饭店”(Cathay Hotel)，也就是今天的和平饭店。

“出云”号大概是抗战期间所有中国的陆、海、空军将士最希望击沉的目标。“出云”号是英国制造的装甲巡洋舰，曾经参加过日俄战争，后来退出第一线改列为海防舰并担任海军士兵学校的练习舰。1936年在经过大整修后，日本海军将“出云”号派来中国担任第三舰队旗舰。虽说在1930年代已经十分老旧，但用在落后的中国执行“炮舰外交”的任务还是可以的。

“出云”号经常停泊在苏州河口的日清汽船码头，那儿靠近日本驻上海总领事馆，成为日本在上海政军力量的核心。在淞沪抗战期间，“出云”号经常利用其203毫米主炮支援地面部队，也使得它成为所有中国陆海空军誓死消灭的目标。尽管很多文学影视作品都说“出云”号在上海被中国军队击沉，但是很遗憾这不是事实，“出云”号最后是在1945年8月战争结束前夕的日本本土被美国飞机炸沉的。

左图表现从上海南京路看向外滩。南京路是上海最繁华的商业街，“南京路”这个街名从租界一开始就有了，沿用至今。当年英国人主导的公共租界街道名称是根据中国各个城市的地理方位来命名的，而法租界习惯用法国人的名字来命名路名。

1937 年 8 月 16 日夜间 8 点，中国海军电雷学校快艇大队的英国制 CMB 型鱼雷快艇“史 102”号在艇长胡敬端的率领下，伪装成民船，由内河潜入上海黄浦江，经过三道沉船阻塞线，再避过英法意各国舰艇的监视，冲向正停泊在日本邮轮码头的日本第三舰队旗舰“出云”号。在距离 300 米处以 50 度射角发射了两枚鱼雷，一枚击中防雷网炸毁了敷网的驳船，一枚则击中岸壁。这是中国海军在抗战中少见的主动攻击行动，可惜未能成功，接着“史 102”号被“出云”号的炮火击中油柜，只得将机枪拆卸投江后弃船，船体半沉于九江路码头前。

其实使用鱼雷快艇攻击停泊于内河的“出云”号并不是最理想的方式，成本高、风险大，也不容易操作成功，但其英雄行为可载入光辉史册。

1938 年 7 月 14 日，日军布雷舰“鸥”号在江西湖口被漂雷炸断舰艉，后轮机舱人员全部被炸死，这是抗战期间中国海军水雷作战最重要的战果之一。

1884 年 9 月 30 日，法国海军远东舰队司令孤拔挟马尾海战全胜的余威，亲率 8 艘军舰进攻基隆，同时分兵 3 艘进攻淡水。经过多日鏖战，于 10 月 8 日占领全基隆。但之后的暖暖与狮球岭等多次陆地战役双方互有胜负。法军虽多次增援最多时达 4000 余人，但孤拔认为以法军的陆战兵力仍无法占领北台湾，于是采用海军舰队封锁台湾各港口并占领澎湖的战术。

这场战役在当地被称作“西仔反战役”。是役战死的法军将士全部葬于基隆的“法军公墓”，该墓园至今尚存，成为历史文物景点。

1885 年 6 月 11 日，法国远东舰队司令海军中将孤拔在停泊于澎湖马公湾内的旗舰“巴雅德”号（Bayard）装甲巡洋舰上去世，图为僚舰正在发射哀悼礼炮。

由于孤拔在 1884 年 8 月马江海战中全歼清军船政水师，中国人对他恨之入骨，所以听到孤拔的死讯后，各种关于孤拔是被中方炮击伤重不治死亡的传言纷起。其实孤拔为了封锁台湾海峡与中国东南沿海，于 3 月 31 日自基隆移师占领澎湖，此后舰队在马公湾内停泊了 3 个月，完全没有战事，所以不可能因炮战受伤。倒是当时澎湖瘟疫流行，法军官兵因热病而死者竟多达 997 人，孤拔也是染上瘟疫一病不起。

之后“巴雅德”号载着孤拔的遗体于 8 月 25 日回到法国，8 月 28 日在巴黎举行国葬。在澎湖马公至今尚留有孤拔的衣冠冢。

图为法国装甲巡洋舰“切尼尔海军上将”号（Amiral Charner）在上海黄浦江。法国军舰的外型十分独特，主要特征是船身极度内倾，颇具蒸汽朋克的古典科幻感。它主要是考虑避弹性，但缺点是主甲板面积大幅缩小，与我们习惯看到的英国式军舰设计完全不同。这种设计最终并未成为主流。

图为法国海军巡洋舰“拉·莫托 - 皮克特”号（La Motte-Picquet）驶过上海外滩前。这艘军舰在 1941 年 1 月 17 日参加了与泰国的大象岛海战。背景的圆顶建筑是上海汇丰银行大楼（今上海浦东发展银行大厦），钟塔形建筑是江海关大楼。

重庆虽然没有租界，但“大法国水师营”却十分有特色，它是一幢耸立在江边高处的殖民式建筑，1903年以10万法郎的经费在原清朝水师营的基础上修建，作为法国海军在长江上游的指挥所、营房、仓库与补给站。该建筑至今尚存，但周边环境已完全不同。

本图表现法国水兵在大法国水师营的拱廊俯看下方江面停泊的小型内河炮艇“刚健”号（La Grandiere）。法国水兵制服颇有特色，其一是水手帽上的红球，其来源据说是从前战舰舱房低矮，常不小心撞破头，所以在帽上加一个缓冲作为保护，并且表示已有一滴血不会再碰伤。其二是“海魂衫”（法文为 Mariniere），这种蓝白条纹的套头衫除了在法国，还在很多国家的海军包括中国人民海军中非常流行。

图为重庆“大法国水师营”正面，小广场的下方就是江面。注意入口山门的中国庙宇式飞檐结构。法国人对于中华文化的喜爱超过英国人，连浅水炮舰都要正式取中文舰名并以汉字写在舰艏。

“大法国水师营”的入口是带有夸张飞檐的中国庙宇式山门，主楼为拱型回廊结构，后楼为外廊结构，中间有操场。这幢建筑今天还存在，但周边环境地貌已经与当年有极大的改变。

法国对于川江上游的海军兵力投入相对于其他国家更多，很重要的原因是早年清朝政府限制本国人经营轮船，以至于想要投资川江航运的华商纷纷将船只登记在外国领事馆名下，悬挂外国旗，其中以法国领事馆最多，造成四川一时间出现许多法商航运公司，实际上幕后全都是华商。

民国后虽然没有这样的禁令，但军阀割据设卡抽税，还不时有盗匪兵痞抢劫勒索，航商不堪其扰，只能更加依赖外国军舰的保护。法国既然在船籍注册费上收入颇丰，不能不服务客户，所以设立“大法国水师营”并派遣多艘浅水炮舰进驻重庆。

法国在中国的浅水炮舰有“刚健”号（La Grandiere）、“柏年”号（Balny）、“都大”号（Doudart de Lagree）、“亚居士”号（Argus）等。法舰的中文舰名并非各舰随便翻译，都是由官方正式颁布，并且规定要以汉字将舰名书写在舰艄，这是其他国家所没有的特色。甚至法国军官的名片上还印有“大法国水师兵轮都大”这种连中国海军都已经不再使用的清朝称谓。

法国在越南湄公河流域还有一支浅水炮舰队，部分舰艇会与中国境内的炮舰轮换。

图为停泊在四川万县江面法国海军的“都大”号（Doudart de Lagree）内河浅水炮舰。

图为法国海军浅水炮舰“弗朗西斯·加尼尔”号（Francis Garnier）在广州珠江西堤码头前。排水量 639 吨的“弗朗西斯·加尼尔”号于 1931 年完工，是专为中国内河设计、较现代的大型炮舰。

图为意大利海军驻华布雷舰“勒班陀”号（Lepanto）1920 年代在上海黄浦江。该舰于 1943 年意大利投降时被日本人接收，整修时将舰桥缩小留出舰艏空间，加装三联装 25 毫米高射机关炮，交给日本海军改名“兴津”号，1945 年日本投降被中国海军接收改名“咸宁”号。一般接收日舰改名都会与原舰名有些关联性，譬如“宇治”号改名“长治”号，但“兴津”号与“咸宁”号却正好意思相反。

1932年，意大利重巡洋舰“特兰托”号（Trento）运送兵员来上海，常驻中国的浅水炮舰“埃马诺·卡洛托”号（Ermanno Carlotto）到长江口迎接。“埃马诺·卡洛托”号是由上海江南造船所建造，1921年完工。1943年意大利向向盟国投降时与布雷舰“勒班陀”号（Lepanto）一同自沉，后被日军打捞整修改名“鸣海”号，日本投降后由中国海军接收改名“江鲲”号。

意大利海军巡洋舰“厄立特里亚”号（Eritrea）于 1942 年访问了日本占领下的上海，当时在上海的希特勒青年团海军分部的团员曾经登舰参访及见习。

意大利介入中国较晚，当时的清廷对于涉外事务已经比较有经验，加上意大利国力较弱，没能占到什么便宜，只是在庚子事变中因参加八国联军，才在天津所谓的“九国租界”获得一块专属租界地。另外在上海则与英美日各国分享公共租界。意大利后来还曾经想染指浙江三门湾，结果被清廷严拒铩羽而归。

意大利海军在二战前经常轮派有一艘巡洋舰驻华，通常停泊于上海，但在战争爆发前已经调回欧洲，只剩下布雷舰“勒班陀”号与内河浅水炮舰“埃马诺·卡洛托”号，实力相当贫弱。

意大利在天津的租界因为同属轴心同盟而未被日本吞并，直到1943年意大利投降时才被日本派兵占领并俘虏了所有的意大利军民。日本人让他们做出选择：赞成墨索里尼傀儡政权的当场释放（当时墨索里尼已经被德军突击队救出，在意大利北部成立傀儡政权），赞成投降同盟国政府的立即关入集中营。大部分人都选择后者。这些意大利人在集中营备受虐待。德国侨民在1945年5月投降时也遭受同样的待遇，所幸战争在8月就结束，不像意大利人在集中营度过整整两年时光。

英国皇家海军的风帆运兵船“添马”号（HMS Tamar），排水量4650吨，1863年6月下水，在1897年第三次运兵抵达香港后奉命常驻香港，停泊港岛皇家船坞旁，是驻港英国皇家海军的主力战舰。在香港除役后，船壳保留作为海军基地趸船使用，甲板以上整个围起来，还加了帆布屋顶，战前是维多利亚湾的著名地标。1941年12月8日太平洋战争爆发，12月12日九龙失守，英军退至港岛，港英政府下令炸毁维多利亚港内所有船舰，包括停泊在湾的“添马”号。“添马舰”的船体在战后并未打捞，至今仍沉在湾底，但“添马舰”却成为香港知名的地名（即金钟）流传至今。

“添马”号在 1897 年除役，船壳保留作为海军基地趸船使用，甲板以上整个围合起来还加了帆布屋顶，这是一般人比较熟知的“添马舰”模样。

由香港黄埔船坞于 1941 年建造的班戈级（Bangor）扫雷舰“大屿山”号（HMS Lantau）是少数以香港地名命名的英国军舰。该舰在 1941 年底香港沦陷时被日本人接收，改名“鹿儿岛丸”商船。图为当时舷号“J209”的“大屿山”号在大屿山前海域航行。

日本在战前并没有浅水炮舰常驻广东，1941 年 12 月 25 日占领香港后，接收了英国皇家海军的“蝉”号炮舰，并将其改名“须磨”号，但仍不敷珠江流域与省港之间的巡逻需求，于是又向葡萄牙购入其驻在澳门的“澳门”号小型炮舰，改名“舞子”号使用。

1941 年 12 月 7 日，日本偷袭珍珠港，美英对日本宣战，太平洋战争爆发。在这之前，英国早就将驻华舰艇除部分浅水炮舰外全部从上海撤出至新加坡，那是因为英国从未认为香港守得住，所以部署的防御力量极为单薄，主力是三艘驱逐舰："搜索"号（HMS Scout)、"塔内"号（HMS Thanet)、"色雷斯人"号（HMS Thracian)。另外就是两艘第一次世界大战时建造的扫雷舰改装的炮舰"矢车菊"号（HMS Cornflower）与"筷子芥"号（HMS Arabis)，两艘昆虫级内河浅水泡舰"飞蛾"号（HMS Moth）与"蝉"号（HMS Cicala)。两艘鸟级内河浅水泡舰"知更鸟"号（HMS Robin）与"燕鸥"号（HMS Tern)，两艘布雷舰"红尾鸲"号（HMS Redstart）与"红雀"号（HMS Linnet)。

这样微弱的兵力在没有空中优势的情况下只不过是象征意义。香港只守了两周，12 月 25 日就投降了。

日本占领香港后，四艘正在建造中的以香港地名命名的班戈级（Bangor）扫雷舰全部被日军接收。其中"鲤鱼门"号（HMS Lyemun）被改名为"南阳"号炮舰，"大潭"号（HMS Taitam）被改名为"第 101 扫海艇"，"横栏"号（HMS Waglan）被改名为"第 102 扫海艇"，"烂头"号（HMS Lantau）则被改名为"鹿儿岛丸"商船。

第二次世界大战结束后，皇家海军重建香港舰队，在 1950 年代初的高峰时期拥有舰艇包括 10 艘港防艇（HDML)、4 艘扫雷艇、8 艘 LCA 登陆艇，另有数艘配备近岸扫雷装备的机动渔船以及一支海军陆战旅。1969 年装备 5 艘敦级（Ton）扫雷舰改装的巡逻舰，之后皇家海军大舰陆续撤离仅保留一艘巡防舰，直到 1976 年 3 月也撤离。1980 年代新建 3 艘孔雀级（Peacock）巡逻舰，其承担的任务也愈来愈像水警，1997 年回归之前这 3 舰都出售给了菲律宾海军，香港的英国海军时代正式结束。

1941 年 12 月 25 日，陈策率领英军驻港的情报人员搭乘五艘鱼雷艇突围到广东海岸。艇队在海上遭遇日本驱逐舰“梅”号，陈策情急之下命令各艇排成攻击队形，并故意加大发动机声响，日本驱逐舰以为英军大部队来袭，迅速掉头逃跑。

“SDML-1323”号原来是英国海军在第二次世界期间建造的 HDML 级港口巡逻艇，战后移交给澳大利亚海军，1950 年又从澳大利亚海军手里回租，作为驻香港英军海军分队的舰艇，担任港口巡逻任务。1953 年 9 月 9 日，英国驻香港海军的“SDML-1323 号巡逻艇在香港以西珠江口海域遭到一艘广州方向驶来的解放军武装登陆艇拦截，但“SDML-1323”号没有听从解放军登陆艇的警告，随即遭到了解放军登陆艇的炮击，有一发炮弹穿过装甲板在船舱里爆炸，造成包括艇长在内共 7 名艇员丧生。

图为葡萄牙海军驻澳门的炮舰“祖国”号（Patria）。该舰是长艏楼、高干舷、双烟囱的设计，外观非常类似大型装甲舰，但其实只是排水量几百吨的小炮舰。这样设计的目的通常是穷国海军为了在殖民地产生超越本身实力的震慑效果。该舰在澳门除役后被广东海军于 1931 年购入，改名为“福游”号，但不久就因太老旧而报废。

“澳门”号浅水炮舰原为葡萄牙海军用于澳门殖民地防务，由英国亚罗造船厂于 1909 年建造，排水量 95 吨。1943 年 8 月日本向葡萄牙购进此舰，改名“舞子”号，服役于广东内河水域。1945 年日本投降，由中国海军接收，改名“舞凤”号。

1904 年 2 月 8 日日军偷袭旅顺口，对俄国不宣而战。2 月 9 日俄国对日宣战，2 月 10 日日本正式对俄宣战，日俄战争全面爆发。俄国当时在旅顺港的战列舰有“太子”号（Tsesarevich）、“曙光”号（Petropavlovsk）、“列特维赞”号（Retvizan）、“佩特列维特”号（Peresviet）、“胜利”号（Pobieda）、“波尔塔瓦”号（Poltava）、“塞瓦斯托波尔”号（Sevastopol），它们多是前无畏级的战舰，大部分完成于 20 世纪初，在当时可谓新锐。

俄国太平洋舰队还拥有 9 艘巡洋舰：“帕拉达”号（Pallada）、“阿斯科列德”号（Askold）、“巴彦”号（Bayan）、“狄安娜”号（Diana”）、“诺瓦克”号（Novik）、“瓦良格”号（Varyag）、“叶尼塞”号（Yenisei）、“博亚林”号（Boyarin）和布雷巡洋舰“阿穆尔”号（Amur）。另外还有来自海参崴分舰队的 3 艘巡洋舰：“露西亚”号（Rossia）、“留利克”号（Rurik）、“格瑞姆波尔”号（Gromoboi）。此外还有 13 艘鱼雷艇（驱逐舰）、2 艘炮艇以及医院船“蒙古人”号（Mongolia）等辅助舰艇。

Грозный

1904年8月10日，俄国太平洋舰队奉沙皇命令从旅顺港突围，包括战列舰6艘、巡洋舰4艘、驱逐舰14艘、医院船1艘。出港时被日军发现，随即遭到拦截及发生炮战。战斗中俄军旗舰“太子”号（Tsesarevich）被日舰击中舰桥，舰队司令维特格甫特（Wilhelm Vitgeft）少将阵亡，俄舰队失去指挥开始溃散，大部分逃回旅顺，少数往南方逃窜。其中巡洋舰“阿斯科列德”号（Askold）与驱逐舰“格罗斯沃”号（Grosovoi）于8月14日进入上海，以维修战损理由拒不出港（如图，碇泊于浦东江面）。中国、俄国与日本为此展开外交博弈，其间还发生“阿斯科列德”号上的水手到上海市区杀人事件。

除了两舰之外还有多艘俄舰先后躲入上海，这些舰艇直到战争结束才回国。

1922 年 11 月 5 日，由奥斯卡 · 维克多奇 · 斯塔克少将率领的 14 艘军舰来到上海，其中，既有战列舰也有小炮艇，还载有大量军火，这让中国政府不知如何应对。后来几经周折，大约 1200 人留在上海成为所谓的“白俄”，其余前往菲律宾马尼拉之后舰队解散。

1923 年 9 月 24 日，格列博夫中将（Lt. Gen. Fedor Lvovich Glebov）也率领三艘军舰抵达上海，在滞留期间因部分人员想要北返投奔红军引起内哄，三舰竟在上海以舰炮互相轰击，最后只好请苏联领事馆出面收回三艘军舰。

1929 年，中苏因东清铁路之争在黑龙江、松花江与同江的交会处爆发战斗，即所谓的“三江口”之役。东北海军的领头人物沈鸿烈以隐藏在河边芦苇丛中的“东乙”号驳船上装设两门 120 毫米炮出奇不意地炮击，第一炮就击中苏联黑龙江舰队旗舰“雪尔诺夫”号（RUS Sverdlov）的舰桥，当场造成苏军司令勃斯脱屈阔夫（Admiral Pstozhekov）及参谋、舰长等共 70 余人的伤亡，另有四艘苏舰起火，苏联舰队连忙撤退。

有趣的是“雪尔诺夫”号的同级舰有一艘叫“孙逸仙”号的也参加了这次战斗。

这些河用炮舰的服役时间都很长，有些到 1970 年代都仍在役。

在列强大举向中国内河派出浅水炮舰的同时，中国也不落人后，开始对这种舰艇产生兴趣。中国真正定义上的内河浅水炮舰应该是 1909 年载洵赴欧洲考察时向德国克虏伯公司订造的“新璧”号与向伏尔铿（Vulkan）造船厂订造的“新珍”号。这两艘军舰成军时被袁世凯改名为“江犀”号与“江鲲”号。“江犀”号（图左）与“江鲲”号（图右）于 1941 年 8 月 24 日被日本飞机同时炸毁于巴东台子湾。

事实上无论之前中国向日本订造的江元级与楚豫级，或是北伐后在江南造船所建造的一系列小型军舰，广义上都可算是浅水炮舰。但它们大多兼任海防炮舰使用，所以不像“江犀”号与“江鲲”号那么明显。战前的中国海军重心放在江河，几乎可说是“江军”。

以小型舰艇为主的广东海军旗下绝大部分都是浅水炮舰，用于珠江流域担任类似水警的任务。图为香港太古造船厂建造，1928 年 10 月完工的“仲凯”号炮舰在广东西江巡弋，该级炮舰还有一艘名为“仲元”号。

中国东北的松花江与黑龙江都有相当发达的内河航运，所以对江防浅水炮舰也有需求。东北海军大多是征用戊通航运公司的内河明轮汽船改装成炮舰，譬如这艘“江通”号。当年共有三艘这样的汽船被征用改装，它们是“江通”号、“江平”号、“江安”号。

很多人参观过停泊在伦敦泰晤士河上的“贝尔法斯特”号（HMS Belfast）巡洋舰，但很少人知道这艘军舰与台湾有关。在日本刚投降不久的 1945 年 9 月 6 日，英国皇家海军就派遣大批舰队包括战列舰、航空母舰、巡洋舰、驱逐舰与医院船等来台湾基隆接运盟军战俘。由于当时基隆港航道布满水雷，港内还有许多沉船，所以当 9 月 10 日“贝尔法斯特”号率领“亚尔古”号（HMS Argonaut）进港时要冒很大的风险，幸而日本领港员技术精湛而且非常尽责，让所有盟军船舰进出都毫发无伤。

英国夏悫海军少将（Rear Adm. Cecil Harcourt）于 1945 年 8 月率领包括航空母舰“不屈”号（HMS Indomitable）等军舰在内的庞大舰队开入维多利亚湾，从日本人手中接收香港。英国如此大张旗鼓地回来是为了向中国示威，因为当时所有人都以为香港在战后肯定是像台湾一样回归中国。其实经历过第二次世界大战的摧残，当时的英国已经是外强中干，但仍必须虚张声势，老大哥的地位不能让美国人取而代之。

1941 年 12 月太平洋战争爆发后，日本海军主力舰艇大多调离上海投入太平洋作战，原来巨舰云集的黄浦江面顿时冷清不少。到了战争末期，日本海军损失惨重，加上美国飞机经常来轰炸，大型舰船更是绝迹。

1945 年 8 月日本投降，大批美国军舰立即开进长江口占领上海，黄浦江恢复往日万国舰艇博览会的热闹景象，不同的是全部都是美国军舰，而且不仅是作战舰艇，更有大量的登陆与后勤船只，数量多到塞满江面。

美国海军人员也大量进驻上海市区，所有好的大厦、饭店都被征用作为办公室、俱乐部、宿舍公寓使用，吉普车在马路上到处乱窜，飞机也进驻各机场并经常在市区上空飞行，这让上海市民与日本俘虏见识到了美军的财大气粗。

上海最初是由美国海军接收的，中国军队要到 9 月之后才在美国飞机的帮助下陆续抵达。

冷战时期，美国第七舰队进入台湾海峡巡弋，在国共之间形成一道防火墙，既保护台湾不被解放，也限制了蒋介石反攻大陆的梦想。美国的政策是不想因为台湾海峡的冲突引发第三次世界大战，第七舰队就是防止擦枪走火的安全闸。

美国协防范围有没有包括金门、马祖等福建沿海外岛，当时并不明确，不过中国宣布 12 海里领海，美国立刻表示反对。随后 1958 年“八·二三”炮战开打，大家发现，美国军舰为国民党海军的运输船队护航到达金门外海 3 海里处就停船，让国民党海军自己冒着炮火抢滩，所以很明显美国人不想因金马外岛与解放军开战，甚至美国政府压迫蒋介石自金马撤军将防线后缩至澎湖。这时毛泽东就思考如果国民党军撤离外岛台湾有可能真的独立，所以还不如将金马继续由蒋介石代管比较符合整个民族的利益。

同时毛泽东也发现美国对中国的态度并非铁板一块，双方在华沙展开会谈，虽然没有实质进展，但始终保持接触。20 年后终于实现了中美关系正常化。

在台美还有“邦交”的年代，美国第七舰队旗舰都要定期到中国台湾访问。当年第七舰队旗舰都是巡洋舰，历任旗舰都到过基隆，譬如 1973 年 10 月 2 日“俄克拉何马城”号（USS Oklahoma City，CLG-5）导弹巡洋舰访问基隆停靠西岸码头，当时的“行政院长”蒋经国曾在“海军总司令”宋长志上将陪同下登舰参观。

在协防条约签订后，美国第七舰队开进台湾海峡成为国民党政府的保护伞，但也同时是阻止蒋介石“反攻大陆”行动的防火墙。在1950与1960年代，美国军舰经常进出台湾的基隆与高雄，就如同战前在上海黄浦江一样。只不过当年的列强不会在意中国海军的行动，但在第七舰队协防期间，美军顾问团每天监管所有国民党海军的舰艇动向，只要有一艘去向不明就会引起很大的紧张，以为蒋介石在对大陆做出冒进的行动。

在越南战争扩大化后，台湾成为美国的后勤支持基地与官兵休假的地点，到台湾的舰艇数量更是大增，同时带来大量的消费。台湾1960年代的繁荣，发越战的战争财是重要因素，当时蒋介石亦曾多次登上到台湾访问的美国航空母舰与潜艇参观。此时的“炮舰外交”以另外一种面貌继续存在，美舰独来独往，不再有“列强”的概念存在。

越战之后国际局势发生变化，随着中美建交，美军撤出台湾，冷战结束，港澳在20世纪结束前回归，中国才真正走出“炮舰外交”的阴影。

德国驻华炮舰第一代“伊利达斯”号于 1896 年 7 月在中国山东遇风沉没，70 名水兵罹难。

1898 年 11 月 21 日，“伊利达斯”号沉没纪念碑在上海落成，以折断的主桅为雕塑的主元素在当时可说非常前卫。这座纪念碑在第一次世界大战时被英法侨民用绳索拉倒。

1908 年，日本海军兵学校第 35 期学生搭乘“松岛”号结束远洋实习回到台湾澎湖马公港碇泊，4 月 30 日凌晨因弹药库爆炸沉入海底，350 名舰员及学生中有 220 多人死亡，包括舰长矢代由德大佐。事件发生后日本人在马公设立“松岛号纪念馆”及慰灵碑，部分遗迹至今尚存。

1906 年 9 月 18 日，台风侵袭香港，造成香港有史以来最严重的台风灾难损失。当时访港停泊在九龙的法国驱逐舰“抛石机”号（Fronde）在暴风雨中沉没，5 名舰员丧生。

1906 年 9 月 18 日，侵袭香港的台风还造成停泊在加煤码头的英国炮舰“凤凰”号（HMS Phoenix）沉没，后来于 1907 年打捞拆解。“凤凰”号常驻中国服役，曾参加 1900 年的八国联军攻打大沽之役。

1931 年 11 月 11 日，英国皇家海军 1919 年建造的捕猎级（Hunt）扫雷舰“彼得斯菲尔德”号（HMS Petersfield）在东引岛北面触礁沉没，74 名舰员全部获救，无人伤亡。这件事很少人知道，因当时东引岛已经设有灯塔由洋人驻守管理，曾来现场协助，所以在灯塔日志中留下记录。

YUTAI

英国海军在山东威海卫湾移地训练的“海神”号（HMS Poseidon P99）潜艇，于 1931 年 6 月 9 日中午与中国籍货轮“渝泰”号相撞后沉没于 40 米深的海底，艇上 37 名官兵逃离、22 名溺水死亡。当时气象及能见度良好，货轮行驶的是固定航线，为何会相撞至今无法理解。

“海神”号属于帕提亚级（Parthian）潜艇，排水量 2070 吨，有 8 具 533 毫米鱼雷发射管及 1 门 102 毫米炮，于 1930 年 5 月完工成军，服役仅一年就发生事故。

2000 年左右，罹难者的家属曾向中国政府查询打捞遗物的相关事宜。据了解，中国早在 1972 年 5 月就已经打捞，但由于当时环境特殊，似乎并未向英方通报。

三峡的浅滩与漩涡常使轮船搁浅坐礁，像英国海军浅水炮舰“北特烈”号（HMS Peterel）与日本海军浅水炮舰“二见”号都是在这儿搁浅的。在三峡搁浅与在海边搁浅状况不同，海边搁浅利用下一次大潮就可能脱困，三峡搁浅要等到下一次丰水期，那可能是大半年之后，因此只好所有人撤离，只留一小组人在现场宿营看守，而这艘军舰就要几乎一年无法出勤。

早年由于航海仪器与海图精细度远不如现代，造成轮船触礁或碰撞的海难频传。我们查阅历史数据发现，招商局的轮船很少能寿终正寝的。商船走的是固定航线，理应熟门熟路，气象不佳也不会开航，这样都还会出事，则军舰常在夜间或气象不佳的状况下紧急出动，而且要在不熟悉的海域高速航行，发生事故也就不足为奇了。

列强军舰在中国水域活动相当频繁，也发生过多次海难事故。以在沿海航行来说相撞与触礁的概率较高，而在内河航行则搁浅坐滩的较多，另外就是台风造成的损害。比较特殊的是 1931 年 6 月 9 日，英国海军潜艇“海神”号与“渝泰”号货轮对撞沉没于威海卫的意外事件。

沉船向来与宝物扯上关系，总能引起神秘的遐想。1901 年在东引沉没的英国轮船“苏布伦”号（SS Sobraon）就谣传载有八国联军在北京故宫抢劫的宝物预备运往英国，东引灯塔就是因此而设立。30 年后的 1931 年 11 月 11 日，英国皇家海军扫雷舰“皮特非尔”号（HMS Petersfield）在东引岛北面触礁沉没，船上 74 人全部获救，据说英国远东海军总司令当时也在舰上。

当然最大的破坏还是来自人类自己，那就是战争。

成龙的电影《A 计划》叙述的是香港水警打击海盗的故事，事实上香港清剿水匪的规模比电影《A 计划》要大得多，可称之为“超级 A 计划”。

由于香港的海盗在本岛都有眼线，水警船出动事先就能发出预警，到达现场时海盗早就鸟兽散了。1927 年 9 月底，英国利用两艘航空母舰轮换、正好同时在港的机会，便派遣这两艘航空母舰到香港的比亚斯湾（Bias Bay，即今日的大亚湾）打击海盗。先出动舰载机侦察，然后空中攻击，最后由陆战队登陆，不分男女老幼全部剿灭，规模比现今打击索马里海盗还要大，手段也残忍得多。

1930年代，香港海域海盗猖獗，他们根本不需要海盗船，而是假装乘客混入客轮上，出海之后就控制船员洗劫乘客，最后把船焚毁灭迹。香港的英国海军以暴制暴，有一次英国潜艇L4号竟然用102毫米甲板炮直接击沉了被海盗劫持的招商局轮船“爱仁”号。这艘“爱仁”号轮船曾在1894年甲午战争时被征调参与向朝鲜半岛运送兵员的任务。

中国的东南沿海地区在历史上以海盗猖獗而闻名，到了民国初年，由于连年军阀内战，更是无暇顾及海盗问题，导致海盗更加猖獗，甚至一些军阀部队的散兵游勇也加入了海盗。当年香港是西方国家与中国进行贸易以及海上航运的枢纽，来往船只颇多，成为海盗眼中的肥羊。

中国海盗与西方海盗不同，许多人本来就是农民或渔民，因为生计困难而结成团伙，利用熟悉地形海域的优势打劫过往船只，而且经常整个村子男女老少都有参与，这也导致官府在清剿海盗时往往对全村进行鸡犬不留的大屠杀。

港澳地区海盗打劫的对象大多是从香港或澳门开往广州及广东沿岸的船只。当地海盗劫船的方式与西方海盗不大相同，很少有驾驶海盗船在海上进行拦截的，更多时候是假扮乘客登船，在船航行到海上时再控制船员，然后改变航向驶往偏僻小岛卸货，或直接抢劫旅客财物然后乘上接应的快艇逃离。有时候为了毁灭证据，海盗在抢完船后常常会放火焚船，因此出现大量人员伤亡。

香港是英国在远东地区的重要贸易口岸，商船的航行安全直接关系经济利益，自是不能坐视海盗的猖獗活动，而早年香港也是英国皇家海军在远东最重要的基地之一，经常驻有大批作战舰艇，清剿海盗的力度也相当大，甚至还出现了出动航空母舰与潜艇打击海盗的罕见案例。

在和平时期白色涂装的浅水炮舰成为长江与黄浦江上一道亮丽的风景线。

浅水炮舰不必考虑重心与稳性的问题，所以在吃水极浅、干舷极低的船上可以在甲板上搭建两三层的舱房，能够提供比大型战舰更佳的居住空间。

在风和日丽的日子坐在浅水炮舰天篷下的藤椅中饮茶抽烟，看江上千帆驶过，凉风习习、水波不兴，真是惬意，好像豪华游艇。

浅水炮舰虽然排水量只有几百吨，但因为在深入内陆的地方代表母国与地方政府交涉，甚至扮演流动领事馆的角色，所以舰长的资历不能太浅，否则没有办法应付。

一般海上军舰的敌人往往只是远方模糊的舰影，但对浅水炮舰来说，敌人可能是四周的农民、盗匪、军阀部队的士兵，甚至示威抗议的学生，面对的问题复杂得多，这就大大考验浅水炮舰舰长的心理素质与临场判断力。

浅水炮舰的主炮大多是陆军榴弹炮或迫击炮而非传统舰炮，因为浅水炮舰的主炮常需支援舰上水手组成的陆战队上陆作战，扮演野战炮的角色，所以甚至备有轮车炮架在舰上。

由于任务环境的不同，内河浅水炮舰与海上使用的军舰有许多不同之处。首先是吃水甚浅，甚至可以通过水深不到半米的浅滩。然而由于吃水浅、干舷低，所以不具备越洋航海性能，大多都是在本国建造完成后编号拆解，以货船运来中国重新组装，或直接在上海的造船厂建造。

内河炮舰虽然吃水浅，但马力不弱，因为必须不靠纤夫以自力通过三峡逆流上驶重庆。这个要求看似简单，但在刚开始时列强都无此能力，因为这是中国川江航运的特点，后来新一批的浅水炮舰都是根据川江客轮设计的。内河浅水炮舰使用的主机五花八门，从传统的活塞往复式蒸汽机、涡轮透宾到柴油机都有，但因当时中国本身不产石油，为保证在内陆的燃料供应，仍然以燃煤的蒸汽机为主，所以内河炮舰大多有一根高耸的烟囱。

内河浅水炮舰面对的是地方的军阀土匪，对手火力不强，所以不需要像海上战舰那种厚重的装甲带。舰上装备的主炮基本不用舰炮而是陆军使用的榴弹炮甚至迫击炮等曲射武器，一方面在陆地上不像海战那样需要远距离精确射击，用舰炮太浪费；另一方面火炮可随时拆卸上陆当野战炮使用。因为内河浅水炮舰的作战有一半是海军陆战队的形式，所以舰上官兵的陆战技巧与步兵装备也很重要。

内河浅水炮舰虽小但主桅却很高，这是因为无线电传输的需要。由于内陆山岳地形的阻碍，无线电传输效率比大海中的军舰差，加上内河炮舰前后桅距离较短，不利于信号的发送，所以会在原来的桅杆上增加延伸的细杆来加强。此外有些内河浅水炮舰会装置战斗桅盘，因为内河炮舰在河面上航行是地形的最低点，所有的敌人都比它高，为了争取高度，有时会在主桅上装置大型的机枪平台以发挥制高火力。

内河浅水炮舰平时大多是白色涂装，非常亮丽，因为它的任务需求与海上军舰讲求隐蔽的灰色涂装观念不同，内河浅水炮舰功能类似警车，显示存在很重要，所以不但不能隐蔽，还必须特别旗号鲜明。但到了第二次世界大战末期，盟军在中国取得制空权，所有日本的浅水炮舰都取消了白色涂装，改为军舰灰或适合内河的黄绿色涂装以避免被发现。

SHANGHAI TRAINWAY

如果当年好莱坞电影《圣保罗号炮艇》(*The Sand Pebbles*)可以到上海拍摄，就可能出现如本图的场景。

背景绿色尖塔的巨大建筑是“沙逊大厦”(Sasson’s Building，即今天的“和平饭店”)，一旁有尖塔的欧洲古堡建筑是德国总会，第一次世界大战后被中国当成战利品接收，后来成为中国银行大厦的所在地。“沙逊大厦”对街的红色建筑当年是汇中饭店(Palace Hotel，今天的 Swatch 上海总部)。原来在屋顶有两座塔楼，建成后不久就被烧毁，直到近年才又重建，所以大部分历史照片都没有塔楼的存在。最右边的是海关总税务司赫德的铜像，在第二次世界大战期间被日本人拆除，现在该地耸立的是原上海市市长陈毅的铜像。

路口指挥交通的印度巡捕是当年上海公共租界的一景。

美国陆军步兵第 15 团也是长期驻华的地面部队，军营所在地为天津当地人通称的“美国大院”。事实上这儿本来是德租界军营的“德国大院”，德国在第一次世界大战战败后被美国接收。画面中的尖塔好像古堡，事实上那是储水用的水塔。马歇尔与史迪威曾在 1920 年代分别担任该团的团长与营长，两人的中国经验对以后的美国对华政策影响很大。

长驻上海的美国海军陆战队第 4 团在跑马场（今上海人民广场）校阅，当时的陆战队还是传统随战舰出动的小部队，没有后来大规模两栖登陆作战的概念。陆战队第 4 团在 1941 年初撤出中国，他们当中大部分人都在后来的太平洋战争中阵亡。

天津号称“九国租界”，是意大利在中国唯一的专属租界区。天津是由大沽进京的重要关口，庚子事变后各国在这儿都有驻军，以保证北京的领使馆与出海口之间通道的安全。意大利在天津也有一座兵营，常驻一支约 1000 人的宪兵部队，这幢建筑至今尚存。

图为 1920 年代汉口法租界的“越勇”在江边接受检阅。越勇是来自法属越南殖民地的越南裔士兵，他们的特点是头戴斗笠。就像英军中有印度人一样，法国租界也是从殖民地招募百姓充军警以降低成本。

中国海关在抗战前最大的一艘缉私舰“福星”号停泊在上海外滩的江海关大楼前。这幢江海关大楼是第三代，建于 1927 年，高耸的钟塔与由英国进口的大钟是它的特色。

高速汽艇母舰“福星”号是由挪威籍商船“枫叶”号（Maple Leaf）改装，满载排水量 6800 吨，在舰桥前端装设龙门式吊艇架搭载 10 艘英制高速快艇，主要用于在海上分头围捕走私船。

1937 年 8 月，中日在上海爆发淞沪会战，电雷学校的“史 102”号鱼雷艇在上海黄浦江突击日军旗舰“出云”号。由于“福星”号搭载的快艇与电雷学校英国制造的 CMB 快艇十分相似，日军以为是来自“福星”号的，于是强行登舰接收，改名“白沙丸”作为特务舰。

作者姚开阳

本书的文字与插画作者姚开阳家学渊源，祖辈在长江经营轮船公司，家族中很多亲友与诸多中国近代海军历史上的关键人物都有直接的关系。姚开阳本人致力于研究中国海军舰艇超过50年，曾赴英、美、法、日各国搜集相关史料，建立了全球规模最大的中国舰船照片数据库，同时在军事杂志撰写中国军舰史专栏多年，并经常在国内外的学术研讨会上发表论文及演说，是这个领域的重量级人物。

1996年，姚开阳汇集多年研究成果，创立“中国军舰博物馆”网站，成为中文网络博物馆的先驱，在当时也是全球规模最大的网络博物馆。它完全仿照真实的博物馆建置与经营，内容从清代开始直到现在，举凡海军、水警、海关、商船，甚至伪政权、地方势力、游击队等，无所不包，无论是史料的完整性，还是数据量，都无出其右者，从此开启研究中国军舰史的风潮。2010年更创立网络杂志《中国军舰史月刊》。

姚开阳本身还是实体博物馆的设计师。他曾担任2010年上海世博会中国国家馆的创意总监，也是中国馆中台湾馆的创意总监，设计出的全息动感《清明上河图》、720度全天域球幕